AF252249

ÉLÉMENTS

D'ALGÈBRE

A l'usage des Candidats

à l'École Navale, à l'École Militaire de Saint-Cyr
et à l'École Forestière

PAR

M. BREITHOF

DEUXIÈME ÉDITION

Paris

IMPRIMERIE D'AMÉDÉE GRATIOT ET Ce

11, RUE DE LA MONNAIE

1841

La plupart des ouvrages d'algèbre, mis entre les mains des jeunes gens qui se destinent à l'École Navale, à l'École Militaire de Saint-Cyr et à l'École Forestière, ont l'inconvénient de renfermer beaucoup de matières qu'ils n'étudieront jamais, comme la théorie du plus grand commun diviseur algébrique, la théorie générale des équations numériques, les fonctions symétriques, les séries, etc., etc.

Notre but, en publiant ce petit ouvrage, a été d'obvier à cet inconvénient, en ne traitant que les parties de l'algèbre qui sont exigées pour l'admission aux trois écoles désignées ci-dessus.

Nota. Les numéros placés entre parenthèses indiquent des renvois aux articles sur lesquels s'appuie celui dont on s'occupe.

ÉLÉMENTS

D'ALGÈBRE.

1. Dans l'énoncé d'une question il y a des quantités connues qui sont liées avec des quantités inconnues par un certain nombre de relations au moyen desquelles on peut déterminer les inconnues.

Quand les quantités données sont exprimées en chiffres, on est porté naturellement à effectuer les opérations à mesure que les raisonnements y conduisent. Les données sont donc constamment altérées, de telle sorte qu'il devient impossible de reconnaître de quelle manière elles forment le résultat final.

Si, au lieu d'effectuer les opérations, on les indique par des signes conventionnels, le résultat final représentera l'ensemble des calculs à effectuer sur les quantités données pour avoir les inconnues. A l'aide de ce tableau ou de cette *formule*, on pourra, sans faire aucun nouveau raisonnement, résoudre toutes les questions qui ressemblent à la première par l'énoncé et qui en diffèrent seulement par les valeurs des nombres donnés. Tel est le but de l'*Algèbre*.

2. Les signes conventionnels adoptés en algèbre sont :

$$+ \qquad - \qquad \times \qquad = \qquad :$$

qu'on énonce *plus, moins, multiplié par, égal, divisé par.* On indique aussi la multiplication par un *point* placé entre les deux facteurs, et la division par un trait horizontal, en écrivant le dividende au-dessus et le diviseur au-dessous.

Pour plus de généralité encore, on représente les quantités par des *lettres*; ordinairement les *inconnues* sont désignées par les dernières lettres de l'alphabet, x, y, z.

3. Eclaircissons ce qui précède par un exemple et propo-sons-nous cette question : *Etant données la somme de deux nombres et leur différence, trouver ces nombres.*

Soient a la somme et b la différence données.

Représentons le plus petit nombre par. . . . x

Le plus grand sera représenté par. . . . . $(x + b)$

Réunissant ces deux nombres, on a. . . . . $(x + b) + x$

ou bien. . . . $x + b + x$.

Or, d'après l'énoncé, cette somme doit être égale au nombre donné a; donc on a. . . . . $x + b + x = a$.

En ôtant b de ces quantités égales, on aura deux restes égaux, c'est-à-dire $x + x = a - b$ ou 2 fois $x = a - b$; donc une seule fois $x = $ la moitié de $a - b$. Or, la moitié de la différence de deux quantités est égale à la différence de leurs moitiés; donc

$$x = \frac{a}{2} - \frac{b}{2} \cdot \cdot \cdot \cdot \; [1].$$

Par des raisonnements semblables on trouverait que *le plus grand nombre* $= \frac{a}{2} + \frac{b}{2} \cdot \cdot \cdot \cdot \; [2]$.

Ces deux formules indiquent si bien les opérations auxquelles il faut soumettre les quantités données pour résoudre la ques-tion, qu'on peut y répondre en les traduisant en langage ordi-naire, de la manière suivante.

Etant données la somme et la différence de deux quan-tités, pour avoir la plus grande il faut, à la demi-somme, ajouter la demi-différence; et pour avoir la plus petite, il faut de la demi-somme retrancher la demi-différence.

EXEMPLE. La somme de deux nombres étant 14, leur diffé-rence 6.

Le plus grand sera $\frac{14}{2} + \frac{6}{2}$ ou $7 + 3$, ou 10

Le plus petit sera $\frac{14}{2} - \frac{6}{2}$ ou $7 - 3$, ou 4

PREUVE. Effectivement $10 + 4 = 14$, et $10 - 4 = 6$.

4. Proposons-nous maintenant cette question : *Un homme épouse une femme plus riche que lui de 1,200 fr., et alors la fortune des deux époux se monte à 1,000 fr. On demande l'état de la fortune de l'homme et la dot de la femme.*

On ne saurait autrement remplir les conditions de ce problème qu'en admettant que la femme apporte 1,100 de *bien* et l'homme 100 fr. de *dette*. Mais l'algébriste ne s'embarrasse point de cette distinction des fortunes en deux états tout à fait opposés. Il s'attache, pour ainsi dire, servilement à la lettre de l'énoncé, et procède comme dans le cas où l'homme, ainsi que la femme, apporterait un bien réel.

D'après l'énoncé, la somme des fortunes est 1,000 fr., et leur différence 1,200 fr. En substituant ces nombres dans les formules (1) et (2), on trouve 1,100 pour cette dernière. Donc l'une des fortunes, celle de la femme, est positivement un bien.

Quant à la formule (1), elle devient 500—600, et n'offre à l'esprit que l'idée d'une soustraction impossible. Elle montre qu'il s'en faut de 100 que la soustraction devienne possible et qu'elle donne zéro pour reste. On peut donc répondre à la question en disant qu'il s'en faut de 100 fr. que l'homme ne possède rien, c'est-à-dire qu'il a 100 fr. de dette, ou, en langage algébrique, qu'il possède moins 100 fr.

5. *Toutes les fois qu'une soustraction ne peut s'effectuer, parce que la quantité à soustraire est plus grande que la quantité dont on doit soustraire, on convient d'exprimer cette circonstance au moyen du signe — placé devant le nombre qui indique de combien la plus grande quantité surpasse la plus petite, et on donne au résultat le nom de quantité* NÉGATIVE.

Ainsi, au lieu de 500 — 600 on écrit — 100. Par opposition, toute quantité qui a réellement une existence par elle-même et qu'on appelle pour cette raison *positive,* est censée précédée du signe +. Ainsi 100 est la même chose que + 100.

Si d'une quantité constante 4 on retranche successivement les nombres croissants 1, 2, 3, 4, 5, 6, 7, etc., on aura les restes 3, 2, 1, 0,—1,—2,—3. Or, comme les quantités négatives viennent à la suite des nombres décroissants 3, 2, 1, 0, on est conduit à admettre que :

1° *Toute quantité négative est plus petite que zéro;*

2° *Une quantité négative est d'autant plus petite que sa valeur numérique est plus grande.*

CHAPITRE I.

DU CALCUL ALGÉBRIQUE.

6. **Notations.** $3a$ et $\frac{1}{3}a$ indiquent, l'un le triple, et l'autre le tiers de la quantité a; 3 et $\frac{1}{3}$ sont des *coefficients*.

a^5 indique le produit effectué de cinq facteurs égaux à a, et se nomme 5me *puissance* de a; 5 est un *exposant*.

Quand on écrit a on sous-entend le signe $+$ (n° 5), le coefficient 1, l'exposant 1; en sorte que a est la même chose que $+1\,a^1$.

Ainsi dans la quantité la plus simple, l'algèbre considère un *signe*, un *coefficient*, une *lettre* et un *exposant*.

Il peut y avoir plusieurs lettres, comme dans $\frac{3}{4}a^2\,b^3\,c$, qui indique les 3 *quarts* du produit effectué des facteurs a^2, b^3, c.

7. Toute expression ainsi composée de lettres écrites à la suite les unes des autres sans interposition de signe, est un *monome*.

Deux monomes placés à la suite l'un de l'autre forment un *binome*; trois forment un *trinome*; plusieurs, un *polynome*. Exemple : [1] $10\,a^5 - 6\,a^4\,b + 7\,a^3\,b^2 - a^2\,b^2\,c$.

Les monomes sont les *termes* du polynome.

Un terme est *positif* ou *additif* quand il est précédé du signe $+$, *négatif* ou *soustractif* quand il a le signe $-$

Quand le 1er terme d'un polynome est positif, on néglige d'écrire son signe. Voir l'exemple ci-dessus.

Par *termes semblables* on entend ceux qui se composent des mêmes lettres affectées respectivement des mêmes exposants. Tels sont $a^3 b^2, -5 a^3 b^2, +2 a^3 b^2$.

8. Le *degré* d'un terme est marqué par la somme des exposants de toutes ses lettres. Dans un polynome le terme qui a le degré le plus élevé indique le degré du polynome. Un polynome est *homogène* lorsque tous ses termes sont du même degré.

L'exemple [1] est un polynome homogène du 5me degré.

9. La *valeur numérique* d'un terme est le résultat auquel on parvient lorsqu'on remplace les lettres par des nombres et qu'on effectue successivement toutes les opérations arithmétiques auxquelles ces lettres sont soumises.

En faisant $a = 2$, $b = 3$, $c = 5$, le terme $\frac{2}{3} a^2 b^2 c$ devient

$$2^2 \times 3^2 \times 5 \times \tfrac{2}{3} = (2 \times 2) \times (3 \times 3) \times 5 \times \tfrac{2}{3} = 4 \times 9 \times 5 \times \tfrac{2}{3} = 120.$$

10. Pour trouver la valeur d'un polynome, il faut remplacer les mêmes lettres respectivement par les mêmes nombres dans chaque terme, calculer les valeurs de tous les termes, puis effectuer les additions et les soustractions indiquées par les signes $+$ et $-$.

En faisant $a = 2$, $b = 3$, $c = 5$, le polynome [1] devient

$$320 - 288 + 504 - 180.$$

Maintenant de 320 on retranche 288, ce qui donne 32; à 32 on ajoute 504 et il vient 536; de 536 on retranche 180, et l'on a 356 pour résultat final. Cette dernière opération se nomme *réduction*.

Si, au lieu d'effectuer la réduction dans l'ordre indiqué ci-contre. . . . . $320 - 288 + 504 - 180,$
on suit cet ordre. . . . . $504 - 180 - 288 + 320,$
ou celui-ci. . . . . $320 + 504 - 180 - 288;$
ou tel autre ordre qu'on voudra, on trouvera toujours 356 pour résultat définitif. Cela est facile à prévoir d'ailleurs; car les

termes 320, 504 entrant chaque fois par voie d'addition, et les termes 288, 180 par voie de soustraction, il est clair que le résultat final doit contenir toutes les unités et parties d'unité contenues dans les termes additifs, moins les unités et parties d'unité contenues dans les termes soustractifs. Ainsi *un polynome ne change pas de valeur lorsqu'on intervertit l'ordre de ses termes.*

11. En vertu de ce principe on peut toujours ranger les termes d'un polynome de manière que les exposants d'une même lettre aillent en croissant ou en décroissant. C'est ce qu'on appelle *ordonner.*

EXEMPLE. $\qquad 4\,x^3 - 2\,ax^2 - 3\,bx + 5a^2 \ldots\ldots$ [2]

Ce polynome est ordonné suivant la lettre x qui prend le nom de lettre *ordonnatrice.*

REMARQUE. Le terme $+ 5\,a^2$, qui est indépendant de la lettre x, est censé contenir cette lettre affectée de l'exposant zéro. Car d'après la définition de l'exposant, ab^0 doit signifier que b est *zéro fois* facteur avec a, ou que b ne multiplie pas a; donc ab^0 est la même chose que a. Ainsi $+ 5\,a^2$ est la même chose que $+ 5\,a^2\,x^0$, et pour cette raison on a écrit ce terme le dernier.

12. Le polynome ci-dessus [2] est dit *complet* relativement à la lettre x, parce qu'il contient toutes les puissances de cette lettre, depuis la plus élevée jusqu'à la puissance zéro inclusivement.

Un polynome incomplet peut toujours se mettre sous la forme d'un polynome complet; il suffit pour cela d'y introduire les puissances qui manquent, en ayant soin de les affecter du *coefficient zéro.*

Ainsi au lieu de $x^4 - 2\,x^3 + 4\,x$, on peut écrire :

$$x^4 - 2\,x^3 \pm 0\,x^2 + 4\,x \pm 0\,x^0.$$

Ici le double signe $\pm$ marque que l'on peut mettre indifféremment $+$ ou $-$ devant le coefficient zéro.

DE L'ADDITION ALGÉBRIQUE.

13. *L'addition des monomes* a pour but de réunir plusieurs monomes donnés en un polynome le plus simple possible.

Le résultat de cette opération doit être un tableau présentant l'ensemble des additions et des soustractions indiquées partiellement par les signes des monomes donnés.

D'après cela, *pour avoir la somme de plusieurs monomes donnés, il suffit de les placer à la suite les uns des autres, avec leurs signes respectifs.*

La *somme* des monomes $9a^2, -8b^2, -5a^2, -b^2, 5b^2$ sera donc
$$9a^2 - 8b^2 - 5a^2 - b^2 + 5b^2.$$

On peut, sans changer la valeur de ce polynome (n° 10), rapprocher les termes semblables les uns des autres, comme il suit :
$$9a^2 - 5a^2 - 8b^2 - b^2 + 5b^2.$$

Maintenant, on peut remplacer $9a^2 - 5a^2$ par $4a^2$; de même $-8b^2 - b^2$ par $-9b^2$; et enfin $-9b^2 + 5b^2$ par $-4b^2$. Après cette opération, qui est connue sous le nom de *réduction*, la somme des monomes proposés prend la forme très simple :
$$4a^2 - 4b^2.$$

14. La réduction, comme on voit, n'a lieu qu'entre termes semblables. Elle s'effectue simplement sur leurs coefficients, par voie d'addition lorsque les termes à réduire ont le même signe, par voie de soustraction lorsque deux termes à réduire ont des signes contraires; dans ce dernier cas, le résultat prend toujours le signe du plus grand coefficient.

REMARQUE. En arithmétique, où l'on ne considère que les valeurs absolues des quantités, la somme de plusieurs quantités est plus grande que chacune d'elles. Il n'en est pas toujours de même en algèbre. Une *somme algébrique* n'est autre chose que le résultat de la réduction de plusieurs quantités affectées des signes $+$ et $-$, et l'on conçoit que ce résultat peut être plus petit que l'une des quantités données; il peut même se réduire à zéro ou à une quantité négative.

15. L'*addition des polynomes* a pour but de réunir en un seul plusieurs polynomes donnés.

Pour indiquer qu'au polynome $\quad 4a^2 - 9ab - 3b^2$

on doit ajouter. . . . . $\quad 5a^2 - 3ab + 7b^2$

on écrit :

$$(4a^2 - 9ab - 3b^2) + (5a^2 - 3ab + 7b^2) \quad \ldots \quad [1]$$

Les parenthèses montrent ici que si les lettres étaient représentées par des nombres, il faudrait calculer séparément les valeurs de ces polynomes, puis réunir les deux résultats.

Il s'agit maintenant de trouver un seul polynome qui donne le même résultat numérique que l'expression proposée. Pour y arriver, nous raisonnerons comme il suit :

Ajoutant $5a^2$ au 1er polynome, on a $(4a^2 - 9ab - 3b^2) + 5a^2$. Mais ici l'addition de $5a^2$ ne devant s'effectuer que sur le résultat de toutes les opérations indiquées dans le polynome $4a^2 - 9ab - 3b^2$, on peut supprimer les parenthèses et écrire $4a^2 - 9ab - 3b^2 + 5a^2$.

Maintenant, si au lieu de $5a^2$ on avait à ajouter $5a^2$ diminué de $3ab$, le résultat précédent se trouverait trop fort de $3ab$: il faudrait donc le diminuer de $3ab$; ce qui donnerait $4a^2 - 9ab - 3b^2 + 5a^2 - 3ab$.

Mais ce n'était pas $5a^2 - 3ab$ qu'il fallait ajouter, c'était $5a^2 - 3ab$ augmenté de $7b^2$; notre dernier résultat se trouve donc trop faible de $7b^2$; il faut donc l'augmenter de $7b^2$; alors il devient

$$4a^2 - 9ab - 3b^2 + 5a^2 - 3ab + 7b^2 \quad \ldots \quad [2]$$

En comparant l'expression [1] à cette dernière, on verra que *pour ajouter un polynome à un autre, il suffit d'écrire à la suite du premier polynome tous les termes du second avec leurs signes respectifs.*

Remarque. L'addition des polynomes présente cet avantage que très souvent le polynome résultant contient des termes semblables que l'on pourra réduire. Et comme alors le polynome réduit renferme moins de termes qu'il n'y en a ensemble dans les polynomes qu'on a additionnés, il y aura moins d'opérations à effectuer pour calculer la valeur de leur somme. Par exemple, l'expression [2] devient, après la réduction,

$$9a^2 - 12ab + 4b^2;$$

et alors elle exige moins de calculs que son équivalente $(4a^2 - 9ab - 3b^2) + (5a^2 - 3ab + 7b^2)$.

16. Si l'on avait plusieurs polynomes à ajouter, on commencerait par réduire les deux premiers à un seul; au résultat, on ajouterait le troisième polynome, et ainsi de suite, toujours en appliquant la règle précédente. De là cette règle générale :

Pour avoir la somme de plusieurs polynomes, il suffit de les écrire à la suite les uns des autres avec leurs signes.

Assez ordinairement on ordonne les polynomes suivant une même lettre, pour mieux découvrir les termes semblables, et on écrit ces termes les uns sous les autres, ce qui permet de faire immédiatement la réduction. Exemple :

$$\text{Polynomes à ajouter} \begin{cases} 3a^3 + 2a^2b + ab^2 \\ -a^3 - 4a^2b + 5ab^2 \\ -a^3 - 7a^2b - 4ab^2 - b^3 \\ + 6a^2b + ab^2 - 2b^3 \end{cases}$$

$$\text{Somme réduite} \ . \ . \ a^3 - 3a^2b + 3ab^2 - 3b^3$$

SOUSTRACTION.

17. La Soustraction algébrique a pour but, étant données la somme de deux quantités algébriques et l'une de ces quantités, de trouver l'autre, appelée *reste*.

Il suit de cette définition que *le reste est toujours tel qu'en lui ajoutant la quantité à soustraire, on retrouve la quantité dont on soustrait.*

18. D'après cela, on aura évidemment :

$$a^2 - (+b^2) = a^2 - b^2; \quad a^3 - (-b^3) = a^3 + b^3.$$

En effet, dans le premier cas, le reste $a^2 - b^2$ est tel qu'en lui ajoutant la quantité $+b^2$ à soustraire, on trouve $a^2 - b^2 + b^2$ qui se réduit à a^2, quantité dont on soustrait.

1.

Même raisonnement pour l'autre cas.

On voit par là que *pour retrancher un monome, il suffit de changer son signe, et de l'écrire ainsi modifié à la suite de la quantité dont on soustrait.*

19. Par un raisonnement analogue à celui du n° 15, on prouverait que l'expression

$$(9a^2-12ab+4b^2)-(5a^2-3ab+7b^2)$$

devient d'abord $9a^2-12ab+4b^2 - 5a^2+3ab-7b^2$,
et après la réduction $4a^2 - 9ab-3b^2$.

Ainsi, *pour retrancher un polynome, il suffit de changer les signes de tous ses termes, et de les écrire ainsi modifiés à la suite de la quantité dont on doit retrancher.* On fait ensuite la réduction s'il y a lieu.

Voici la disposition des calculs :

$$
\begin{array}{ll}
\text{Soustraire de} & 9a^2 - 12ab + 4b^2 \\
\text{le polynome} & 5a^2 - 3ab + 7b^2 \\
\text{Reste avant} \left\{ & 9a^2 - 12ab + 4b^2 \right. \\
\text{la réduction} \left. \right\{ & -5a^2 + 3ab - 7b^2 \\
\hline
\text{Reste reduit} .. & 4a^2 - 9ab - 3b^2
\end{array}
$$

DE LA MULTIPLICATION ALGÉBRIQUE.

20. *La multiplication algébrique a pour but de trouver une quantité, nommée* produit, *qui soit composée avec une quantité, nommée* multiplicande, *de la même manière qu'une quantité, nommée* multiplicateur, *est composée avec l'unité.*

21. MULTIPLICATION DES MONOMES. Un monome contenant essentiellement un signe, un coefficient, une lettre au moins et au moins un exposant, le produit de deux monomes dépendra des signes, des coefficients, des lettres et des exposants de ces monomes, et devra donner lieu à quatre règles, savoir :

I. LA RÈGLE DES SIGNES. Pour plus de simplicité prenons les

monomes a et b, dont les coefficients et les exposants sont égaux à l'unité. Nous aurons à considérer les quatre cas que voici :

$$+a\times+b, \quad -a\times+b, \quad +a\times-b, \quad -a\times-b.$$

Premier cas. $+a\times+b$ n'est autre chose que $a\times b$. Or, suivant une convention du n° 6, le produit effectué de a par b est représenté par ab, qui revient au même que $+ab$. Donc $+a\times+b=+ab$.

Deuxième cas. Le produit de $-a$ par $+b$ se composera avec $-a$, comme $+b$ ou b se compose avec l'unité. c'est-à-dire de $-a$ répété b fois, ce qui donne $-ab$.

Ce raisonnement suppose que b soit un nombre entier. Si b était un nombre fractionnaire $\frac{m}{n}$, on raisonnerait comme il suit : pour avoir $\frac{m}{n}$ on a divisé l'unité par n et on a pris le résultat m fois; il faut donc diviser $-a$ par n, ce qui donne $-\frac{a}{n}$ (*); et répéter ce résultat m fois, ce qui donne $-(\frac{a}{n}\times m)$ ou $-\left(\frac{am}{n}\right)$, c'est-à-dire $-\frac{am}{n}$. Ce qu'il fallait démontrer.

Troisième cas. Le produit de $+a$ par $-b$ se composera avec $+a$ de la même manière que $-b$ se compose avec l'unité; or $-b$ se compose de l'unité multipliée par b affecté du signe $-$; donc le produit se composera de $+a$ multiplié par b ou de ab affecté du signe $-$; ce qui donne $-ab$.

Quatrième cas. Le produit de $-a$ par $-b$ se composera avec $-a$ comme $-b$ se compose avec l'unité, c'est-à-dire de $-a$ multiplié par b, précédé du signe $-$, ce qui donne $-(-ab)$ ou $+ab$.

Il suit de là que *deux quantités affectées du même signe donnent un produit positif, et que deux quantités affectées de signes contraires donnent un produit négatif.*

On énonce cette règle en abrégé, en disant

$$+\text{par}+\text{donne}+, \quad -\text{par}+\text{donne}-;$$
$$-\text{par}-\text{donne}+, \quad +\text{par}-\text{donne}-.$$

(*) $-a$ divisé par un nombre entier n donne évidemment $-\frac{a}{n}$; car $-\frac{a}{n}$ multiplié par n donne, comme on vient de voir, $-(\frac{a}{n}\times n)$ ou $-a$.

II. **La règle des coefficients.** Pour avoir le produit de $3a$ par $2b$, on multiplie d'abord $3a$ par b, ce qui donne visiblement $3ab$, et on répète ce résultat deux fois; alors on a $3ab+3ab$ ou $6ab$. Ainsi *le coefficient du produit de deux monomes est égal au produit des coefficients de ces monomes.*

Par un raisonnnement analogue au précédent on prouverait que cette règle s'applique aussi à des coefficients fractionnaires.

III. **La règle des lettres** On a vu en arithmétique qu'au lieu de multiplier une quantité par le produit effectué de plusieurs facteurs, on peut multiplier cette quantité successivement par chacun des facteurs. Ainsi au lieu de $ab\times cde$ on peut écrire $ab\times c\times d\times e$, ou ce qui est la même chose $abcde$.

Ainsi, *la règle des lettres consiste à écrire ces lettres à la suite les unes des autres sans interposition de signes.*

IV. **La règle des exposants.** En vertu de la règle précédente on aura $aa\times aaa = aaaaa$, ou bien

$$a^2\times a^3 = a^5.$$

Ainsi *pour multiplier deux puissances d'une même quantité, il suffit de donner à cette quantité un exposant égal à la somme des exposants de ces puissances.*

22. En vertu des trois premières règles ci-dessus, l'expression $+3a^2 b^3 \times - 5ab^2 c^3$, devient d'abord $-15a^2 b^3 ab^2 c^3$, et en intervertissant l'ordre des facteurs $-15a^2ab^3b^2c^3$.

A la place de a^2a on peut mettre a^3, et au lieu de multiplier a^3 successivement par b^3 et par b^2, on peut multiplier a^3 par le produit effectué de b^3 par b^2, c'est-à-dire par b^5; alors il vient $+3a^2b^3\times -5ab^2c^3 = -15a^3b^5c^3$.

On peut écrire c^0 dans le multiplicande afin d'avoir les mêmes lettres dans les deux facteurs. Alors il vient

$$+3a^2 b^3 c^0\times -5ab^2 c^3 = -15a^5 b^5 c^5 = -15a^{2+1} b^{3+2} c^{0+3}.$$

D'après cela on peut dire, d'une manière générale, que *pour faire la multiplication de deux monomes, il faut, après avoir appliqué la règle des signes, faire le produit des coefficients et la somme des exposants de chaque lettre.*

23. MULTIPLICATION DES POLYNOMES. Si le multiplicande et le multiplicateur sont des polynomes composés uniquement de termes positifs, on obtient leur produit en multipliant tous les termes du multiplicande successivement par chaque terme du multiplicateur, et en réunissant tous les produits partiels; précisément pour les mêmes motifs qu'en arithmétique, pour multiplier 428 par 637 on peut répéter 7 fois, puis 30 fois, puis 500 fois chacune des parties 8, 20, 400 du multiplicande.

24. Proposons-nous maintenant de multiplier les polynomes

$$4a^5 - 3a^4b + 7a^3b^2 - 2a^2b^3, \qquad 3a^3 - a^2b - ab^2 + 5b^3.$$

On peut, en intervertissant l'ordre de leurs termes, les écrire ainsi :

$$(4a^5 + 7a^3b^2) - (3a^4b + 2a^2b^3), \ (3a^3 + 3b^3) - (a^2b + ab^2).$$

Représentant par A l'ensemble des termes positifs, et par B l'ensemble des termes négatifs du multiplicande, par C l'ensemble des termes positifs, et par D l'ensemble des termes négatifs du multiplicateur, on aura à faire cette multiplication :

$$(A - B) \times (C - D).$$

Le résultat sera évidemment $(A - B) \times C$ *moins* $(A - B) \times D$. Le produit de A—B par C sera A C—B C; de même, celui de A—B par D sera AD—BD; on aura donc AC—BC—(AD—BD) ou

$$AC - BC - AD + BD.$$

Les produits représentés par AC, BC, AD, BD, se feront suivant la règle du n° 23 ; on affectera du signe + chacun des termes des produits AC, BD, et du signe — chacun des termes des produits BC, AD (n° 18).

Le résultat que l'on vient de trouver est précisément celui auquel on serait arrivé si, dans le multiplicande et le multiplicateur, on eût considéré chaque terme avec son signe comme un monome isolé, et qu'on eût appliqué la règle des signes démontrée plus haut. Cette coïncidence permet donc d'énoncer la règle de la multiplication en ces termes :

Pour faire le produit de deux polynomes quelconques, on multiplie tous les termes du multiplicande successivement par chaque terme du multiplicateur, en ayant égard à la règle des signes.

Pour faciliter la réduction des termes semblables, on ordonne le multiplicande et le multiplicateur relativement à une même lettre. Alors le produit se trouve ordonné de la même manière. Voici la disposition des calculs :

$$
\begin{array}{ll}
\text{Multiplicande} & 4a^5 - 3a^4b + 7a^3b^2 - 2a^2b^3 \\
\text{Multiplicateur} & 3a^3 - a^2b - ab^2 + 5b^3 \\
\hline
\text{Prod. par } 3a^3 & 12a^8 - 9a^7b + 21a^6b^2 - 6a^5b^3 \\
\text{Prod. par} -a^2b & \quad\; - 4a^7b + 3a^6b^2 - 7a^5b^3 + 2a^4b^4 \\
\text{Prod. par} -ab^2 & \qquad\qquad - 4a^6b^2 + 3a^5b^3 - 7a^4b^4 + 2a^3b^5 \\
\text{Prod. par} +5b^3 & \qquad\qquad\qquad\qquad + 20a^5b^3 - 15a^4b^4 + 35a^3b^5 - 10a^2b^6 \\
\hline
\text{Produit total} & 12a^8 - 13a^7b + 20a^6b^2 + 10a^5b^3 - 20a^4b^4 + 37a^3b^5 - 10a^2b^6.
\end{array}
$$

N. B. Dans l'exemple précédent, le multiplicande et le multiplicateur étant *homogènes*, le produit est aussi homogène et son degré est la somme des degrés des facteurs.

25. Voici un exemple de deux polynomes complets dont le produit n'est pas un polynome complet :

$$
\begin{array}{ll}
\text{Multiplicande} & ax^3 - a^2x^2 + a^3x - a^4 \\
\text{Multiplicateur} & x^2 + 2ax + a^2 \\
\hline
\text{Produit par } x^2 & ax^5 - a^2x^4 + a^3x^3 - a^4x^2 \\
\text{Produit par} +2ax & \quad\; + 2a^2x^4 - 2a^3x^3 + 2a^4x^2 - 2a^5x \\
\text{Produit par} +a^2 & \qquad\qquad\qquad + a^3x^3 - a^4x^2 + a^5x - a^6 \\
\hline
\text{Produit total} & ax^5 + a^2x^4 \qquad * \qquad * \qquad - a^5x - a^6
\end{array}
$$

26. Dans l'exemple suivant le produit est un polynome complet, quoique l'un des facteurs soit un polynome incomplet.

$$
\begin{array}{ll}
\text{Multiplicande} & ax^3 - 2a^2x + a^3 \\
\text{Multiplicateur} & ax^2 + a^2x - 3a^2 \\
\hline
\text{Produit par } ax^2 & a^2x^5 - 2a^3x^3 + a^4x^2 \\
\text{Produit par} +a^2x & \quad\; + a^3x^4 - 2a^4x^2 + a^5x \\
\text{Produit par} -3a^2 & \qquad\qquad - 3a^3x^3 + 6a^4x - 3a^5 \\
\hline
\text{Produit total} & a^2x^5 + a^3x^4 - 5a^3x^3 - a^4x^2 + a^5\big|x - 3a^5. \\
& \qquad\qquad\qquad\qquad\qquad\quad + 6a^4\big|
\end{array}
$$

27. Lorsque la lettre ordonnatrice se trouve affectée du même exposant dans plusieurs termes, on dispose ces termes verticalement, comme nous l'avons fait dans le produit précédent pour les termes $+6a^4x+a^5x$. Exemple :

$$
\text{Multiplicande}\quad
\left\{
\begin{array}{l|l|l}
2a & x^2 \;-\; 4a^2 & x \;+\; 8a^3 \\
-c & \;+\; 2ac & \;-\; 4a^2c \\
   & \;-\; c^2 &
\end{array}
\right\}
$$

$$
\text{Multiplicateur}\quad
\left(
\begin{array}{l|l}
2a & x \;-\; 4a^2 \\
+c & \;+\; c^2
\end{array}
\right)
$$

$$
\text{Produit par } 2ax\quad
\left\{
\begin{array}{l|l|l}
4a^2 & x^3 \;-\; 8a^3\,x^2 \;+\; 16a^4 & x \\
-2ac & \;+\; 4a^2c \;-\; 8a^3c & \\
     & \;-\; 2ac^2 &
\end{array}
\right.
$$

$$
\text{Produit par } +cx\quad
\left\{
\begin{array}{l|l|l}
+2ac & x^3 \;-\; 4a^2c\,x^2 \;+\; 8a^3c & x \\
-\,c^2 & \;+\; 2ac^2 \;-\; 4a^2c^2 & \\
       & \;-\; c^3 &
\end{array}
\right.
$$

$$
\text{Produit par } -4a^2\quad
\left\{
\begin{array}{l|l|l}
-\,8a^3 & x^2 \;+\; 16a^4 & x \;-\; 32a^5 \\
+\,4a^2c & \;-\; 8a^3c & \;+\; 16a^4c \\
         & \;+\; 4a^2c^2 &
\end{array}
\right.
$$

$$
\text{Produit par } +c^2\quad
\left\{
\begin{array}{l|l|l}
+\,2ac^2\,x^2 & -\; 4a^2c^2 & x \;+\; 8a^3c^2 \\
-\,c^3 & +\; 2a\,c^3 & \;-\; 4a^2c^3 \\
       & -\; c^4 &
\end{array}
\right.
$$

$$
\text{Produit total}\quad
\left\{
\begin{array}{l|l|l|l}
4a^2 & x^3 \;-\;16a^3 & x^2 \;+\;32a^4 & x \;-\;32a^5 \\
-c^2 & \;+\; 4a^2c & \;-\; 8a^3c & \;+\; 16a^4c \\
     & \;+\; 2ac^2 & \;-\; 4a^2c^2 & \;+\; 8a^3c^2 \\
     & \;-\; 2\,c^3 & \;+\; 2a\,c^3 & \;-\; 4a^2c^5 \\
     & \;-\; c^4 & &
\end{array}
\right.
$$

28. *Dans un produit de deux polynomes il y a toujours, pour une même lettre, deux termes qui ne peuvent se réduire avec aucun autre.*

Ces termes proviennent, l'un de la multiplication des termes du multiplicande et du multiplicateur qui contiennent cette lettre avec le plus fort exposant ; l'autre, de la multiplication des termes qui, dans le multiplicande et le multiplicateur, contiennent cette lettre avec le plus faible exposant.

Il résulte de là que le *produit de deux polynomes contient au moins autant de termes qu'il y a de lettres différentes dans les deux facteurs ;* et que, *dans aucun cas, le produit de deux polynomes ne saurait être un monome.*

Remarquons, en passant, que le produit de deux polynomes qui ne contiennent pas plus de deux lettres différentes peut être un binome.

Exemple I : $(a^4 - 2a^3 + 4a^2 - 8a + 16)\,(a + 2) = a^5 + 32$.

Exemple II : $(a^4 - a^3b + ab^3 - b^4)\,(a^2 + ab + b^2) = a^6 - b^6$.

DIVISION.

29. La Division algébrique a pour but, étant donnés un produit nommé *dividende* et l'un de ses facteurs nommé *diviseur*, de trouver l'autre facteur nommé *quotient*.

30. Division des monomes. Ici, comme au n° 21, nous aurons à établir quatre règles, savoir : 1° la règle des signes ; 2° la règle des coefficients ; 3° la règle des lettres ; 4° la règle des exposants.

1° Lorsque le dividende a le signe $+$, le quotient doit avoir le même signe que le diviseur, car il n'y a que deux facteurs de même signe qui puissent donner un produit *positif*. Ainsi :

$$+ : + = +, \quad + : - = -$$

Lorsque le dividende a le signe $-$, le quotient doit avoir un signe différent de celui du diviseur ; car, il n'y a que deux facteurs de signes contraires qui puissent donner un produit négatif. Ainsi,

$$- : + = -, \quad - : - = +.$$

Il suit de là que *deux quantités de même signe divisées l'une par l'autre donnent un quotient positif ; deux quantités de signes contraires divisées l'une par l'autre donnent un quotient négatif.*

2° Le coefficient du dividende doit être le produit du coefficient du diviseur par celui du quotient. Donc, *en divisant le coefficient du dividende par celui du diviseur, on obtient le coefficient du quotient.*

3º Le dividende doit renfermer toutes les lettres du diviseur et toutes celles du quotient. Donc, *si le dividende renferme des lettres qui ne sont pas dans le diviseur, ces lettres entrent dans le quotient avec leurs exposants respectifs. Toute lettre qui a le même exposant au dividende et au diviseur ne doit pas entrer dans le quotient.*

4º L'exposant d'une lettre dans le dividende doit être la somme des exposants de cette même lettre dans le diviseur et dans le quotient ; donc, *l'exposant d'une lettre dans le quotient est égal à la différence des exposants de la même lettre dans le dividende et dans le diviseur.*

En appliquant ces quatre règles, on trouve que le quotient de $-6a^5b^2c^2$ par $+3a^2b^2$ est $-2\,a^3\,c^2$.

Afin d'avoir les mêmes lettres au dividende, au diviseur et au quotient, on peut mettre c^0 au diviseur et b^0 au quotient. Alors il vient :

$$-6\,a^5\,b^2\,c^2 : 3\,a^2\,b^2\,c^0 = -2\,a^3\,b^0\,c^2 = -2\,a^{5-2}\,b^{2-2}\,c^{2-0}.$$

Ainsi, en général, *pour avoir le quotient de deux monomes, il faut, après avoir appliqué la règle des signes, diviser le coefficient du dividende par celui du diviseur et diminuer l'exposant de chaque lettre du dividende de l'exposant de la même lettre dans le diviseur.*

31. On a $a^3 : a^3 = a^0$. D'un autre côté, on a aussi $a^3 : a^3 = 1$; car, a^3 est contenu une fois dans a^3. De là on conclut que $a^0 = 1$.

Ainsi, *toute quantité affectée de l'exposant zéro équivaut à l'unité.*

32. DIVISION DES POLYNOMES. Le quotient d'un polynome par un monome doit être un polynome ; chaque terme de ce quotient doit être tel qu'en le multipliant par le diviseur on reproduise un terme du dividende. Donc, *on obtient tous les termes du quotient en divisant successivement tous les termes du polynome dividende par le monome diviseur.*

33. Proposons-nous de diviser un polynome par un polynome.

Si le quotient était connu, on reproduirait le dividende en multipliant tous les termes du diviseur successivement par chaque terme du quotient et en réunissant les produits partiels (24).

Plusieurs de ces produits partiels se trouvent réduits à un seul dans le dividende. Mais, si on considère le terme du diviseur qui contient une lettre avec le plus fort exposant, et le terme du quotient qui contient cette même lettre avec le plus fort exposant, le produit de ces deux termes doit contenir cette même lettre avec un exposant plus fort que tous les autres produits partiels. Donc ce produit partiel n'a pu éprouver aucune réduction (28). D'où il suit qu'*en divisant le terme du dividende qui contient une lettre quelconque avec le plus fort exposant, par le terme du diviseur qui contient cette même lettre avec le plus fort exposant, on aura un terme du quotient.*

Si on multiplie le diviseur par le terme qui vient d'être trouvé au quotient, et si on retranche le produit du dividende, le reste sera évidemment égal au produit du diviseur par l'ensemble des termes du quotient qui sont encore à trouver.

Après avoir effectué les réductions qu'amène la soustraction on pourra considérer le reste comme un nouveau dividende, et raisonner comme sur le dividende primitif. Par conséquent, en prenant le terme de ce reste qui contient le plus fort exposant d'une lettre, et en divisant ce terme par celui du diviseur qui contient aussi cette lettre avec le plus fort exposant, on aura un second terme du quotient.

En multipliant le diviseur par ce nouveau terme, et en retranchant le produit du premier reste, on aura un second reste, lequel, étant traité comme le précédent, fera connaître un troisième terme du quotient.

En continuant ce procédé, on déterminera successivement tous les termes du quotient; et quand on arrivera à un reste zéro, l'opération sera terminée.

Remarque. Ce qui vient d'être dit à l'égard des termes où une lettre est affectée des plus forts exposants s'applique également à ceux où la lettre est affectée des plus faibles exposants (28).

34. Pour faciliter les calculs, on a soin d'ordonner le dividende et le diviseur de la même manière. Alors la division s'effectuera toujours entre les termes qui se trouveront les premiers sur la gauche dans les deux polynomes, et les calculs prendront la même disposition qu'en arithmétique. Exemple :

$$
\begin{array}{l|l}
\text{Dividende ordonné.} & \text{Diviseur ordonné.} \\
\hline
6x^4 - 5ax^3 - 11a^2x^2 + 14a^3x - 4a^4 & 3x^2 + 2ax - a^2 \\
-6x^4 - 4ax^3 + 8a^2x^2 & \\
\hline
\text{1er reste} \quad -9ax^3 - 3a^2x^2 + 14a^3x - 4a^4 & 2x^2 - 3ax + a^2 \\
\quad\quad\quad +9ax^3 + 6a^2x^2 - 12a^3x & \\
\hline
\text{2e reste} \quad\quad + 3a^2x^2 + 2a^3x - 4a^4 & \\
\quad\quad\quad\quad - 3a^2x^2 - 2a^3x + 4a^4 & \\
\hline
\text{3e reste} \quad\quad\quad\quad 0 \quad\quad 0 \quad\quad 0 &
\end{array}
$$

On divise $6\,x^4$ par $3\,x^2$, ce qui donne $2\,x^2$ au quotient.

On multiplie tout le diviseur par $2x^2$, et on soustrait le produit du dividende, ce qui se fait en l'écrivant au-dessous avec ses signes changés; puis on réduit les termes semblables et on obtient ainsi le premier reste, qui se trouve ordonné comme le dividende.

On divise $-9\,a\,x^3$ par $3\,x^2$, ce qui donne $-3\,a\,x$ au quotient. On multiplie le diviseur par $-3\,a\,x$, et on soustrait le produit du premier reste; ce qui donne le deuxième reste.

On divise $+3\,a^2\,x^2$ toujours par $3\,x^2$, ce qui donne $+\,a^2$. En retranchant du deuxième reste le produit du diviseur par $+a^2$, on arrive à un reste zéro; ce qui annonce que l'opération est terminée, et que $2\,x^2 - 3\,a\,x + a^2$ est le quotient exact des polynomes donnés.

N. B. Lorsque les coefficients sont des nombres très simples, on se dispense d'écrire les produits du diviseur par chaque terme du quotient, mais on effectue les réductions en même temps que les multiplications, et on sous-entend, dans chaque reste, les termes du dividende qui devraient s'y placer sans altération. Alors l'opération affectera cette forme :

$$
\begin{array}{l}
\qquad\quad 6x^4-5ax^3-11a^2x^2+14a^3x-4a^4 \;\big|\; 3x^2+2ax-4a^2 \\
\text{1}^{\text{er}}\text{ reste } \cdot\cdot\; -9ax^3-\;3a^2x^2+\;\cdots\cdots\cdot \;\big|\; \overline{2x^2-3ax+\;a^2} \\
\text{2}^{\text{e}}\text{ reste } \cdots\cdot\; +\;3a^2x^2+\;2a^3x\;\cdot\cdot \\
\text{3}^{\text{e}}\text{ reste } \cdots\cdots\cdot\; 0 \qquad 0 \qquad 0
\end{array}
$$

35. Lorsque la lettre suivant laquelle on ordonne est affectée du même exposant dans plusieurs termes, on a soin d'ordonner ces termes entre eux par rapport à une autre lettre; et afin d'avoir tous les calculs réunis, on dispose ces termes verticalement comme nous l'avons fait pour la multiplication.

Exemple I (dans lequel le diviseur ne contient pas la lettre ordonnatrice du dividende).

$$
\begin{array}{l}
\text{Dividende}\left\{
\begin{array}{l}
3a^2 \;\big|\; x^2-\;a^4 \;\big|\; x\; +\;a^6 \\
-3b \;\big|\; +\;b^2 \;\big|\;\quad -3a^4b \\
\qquad\qquad\qquad\quad +3a^2b^2 \\
\qquad\qquad\qquad\quad -\quad b^3
\end{array}\right.
\left.\begin{array}{l}
a^2-b \;\;\text{Diviseur.} \\
\hline
3x^2-a^2 \;\big|\; x+\;a^4 \\
\quad -b \;\big|\; -2a^2b \\
\qquad\qquad\quad +\quad b^2
\end{array}\right. \\[2ex]
\text{1}^{\text{er}}\text{ reste }\cdots\left\{
\begin{array}{l}
-a^2b \;\big|\; x\; -2a^4b \\
+\;b^2 \;\big|\;\quad +3a^2b^2 \\
\qquad\qquad\quad -\quad b^3
\end{array}\right\} \\[2ex]
\text{2}^{\text{e}}\text{ reste }\cdots\cdots\cdots\left\{
\begin{array}{l}
+\;a^2b^2 \\
-\quad b^3
\end{array}\right. \\[1ex]
\text{3}^{\text{e}}\text{ reste }\cdots\cdots\cdots\cdots\; 0
\end{array}
$$

Dans le dividende les polynomes $3\,a^2-3\,b,\,-a^4+b^2,$ $a^6-3\,a^4b+3\,a^2b^2-b^3$ pouvant être considérés comme les coefficients de x^2, de x, de x^0, doivent être divisibles séparément par le diviseur a^2-b. Par conséquent on doit pouvoir diviser le premier terme de chacun de ces polynomes, c'est-à-dire tous les termes situés sur la première ligne dans le dividende, par le premier terme du diviseur; ce qui donne immédiatement $3\,x^2-a^2\,x+a^4$ au quotient.

Tous ces termes que l'on vient de trouver multipliés par le premier terme du diviseur et retranchés du dividende, feraient disparaître les termes situés sur la première ligne du dividende. On peut donc, pour abréger, considérer cette opération comme effectuée, et passer immédiatement à la multiplication des termes du quotient par le second terme $-b$ du diviseur. Lorsqu'on a soin de faire les réductions en même temps que les multiplications (ce qui est facile ici), on obtient sur-le-champ le premier reste, lequel étant traité comme le dividende primitif donne $-bx-2a^2b$, au quotient. Ces termes, multipliés par $-b$ et retranchés du premier reste, donnent le deuxième reste.

Ce deuxième reste divisé par $a^2 - b$ donne $+b^2$ au quotient et zéro pour reste. L'opération est terminée.

36. **Exemple** II (dans lequel le premier terme du diviseur est un monome : à cet effet on a ordonné suivant les puissances croissantes de x).

$$
\begin{array}{l}
a^2x-2a^3 \,\big|\, x^2 + a \,\big|\, x^3 - a^2 \,\big|\, x^4 + a \,\big|\, x^5 \\
\quad\ -a^4 \,\big|\quad\ +2a^4 \,\big|\quad -a^3 \,\big|\quad -a^2 \\
\qquad\qquad\ \ +a^5 \,\big|\quad +a^4 \,\big|\quad +a^3 \\
\qquad\qquad\qquad\qquad\quad -a^5 \,\big|\quad -a^4
\end{array}
\left.\begin{array}{l}
a^2 - a^5\,x + a \,\big|\, x^2 \\
\qquad\quad -a^2 \\[4pt]
\overline{\ x - a \,\big|\, x^2 + 1 \,\big|\, x^5} \\
\ \ -a^2 \,\big|\quad +a^2
\end{array}\right\}
$$

$$
\text{1}^{\text{er}}\text{ reste}\ \left\{\ \begin{array}{l} - a^3 \\ - a^4 \end{array}\right.\,\big|\, x^2 + \ \dots\dots\dots\dots
$$

$$
\text{2}^{\text{e}}\text{ reste}\ \dots\ \left\{\ \begin{array}{l} + a^2 \\ + a^4 \end{array}\right.\,\big|\, x^3 -\ \dots\dots
$$

$$
\text{3}^{\text{e}}\text{ reste}\ \dots\dots\dots\ 0
$$

En divisant $a^2 x$ par a^2, on a x au quotient.

On forme tous les termes en x et x^2 que peut fournir le diviseur avec le terme x du quotient; il n'y en a que deux $a^2 x$ et $-a^3 x^2$; on retranche ces produits du dividende, et on obtient le premier reste.

On divise tous les termes du reste qui contiennent x^2 par le premier terme a^2 du diviseur, et on obtient immédiatement $-ax^2 - a^2 x^2$ au quotient.

On forme tous les produits en x^2 et x^3 que peuvent fournir le diviseur et les termes trouvés au quotient; on retranche ces produits du premier reste et on obtient le deuxième reste, lequel étant traité comme le précédent donne immédiatement $+x^3 + a^2 x^3$ au quotient.

En formant de même les produits contenant x^3, x^4 et x^5, on verra qu'ils détruiront tous les termes restants du dividende.

En sorte que le quotient des polynomes proposés est
$x - a\,x^2 - a^2\,x^2 + x^3 + a^2\,x^3$.

37. EXEMPLE III, dans lequel le premier terme du diviseur est une quantité complexe $(2\,a + c)\,x$.

$$
\begin{array}{l|l|l|l||l|l|l}
\text{Dividende} &
\begin{array}{l} 4a^2 \\ -c^2 \end{array} &
\begin{array}{l} x^3 \\ +\ 4a^2c \\ +\ 2ac^2 \\ -\ \ 2c^3 \end{array} &
\begin{array}{l} x^2{+}32a^4 \\ -\ 8a^3c \\ -\ 4a^2c^2 \\ +\ 2a\,c^3 \end{array} &
\begin{array}{l} x{-}32a^5 \\ +16a^4c \\ +\ 8a^5c^2 \\ -\ 4a^2c^5 \\ -\ c^4 \end{array} &
\begin{array}{l} 2a \\ +c \end{array} &
\begin{array}{l} x-4a^2 \\ +c^2 \end{array} & \Big\}\ \text{Divis.} \\
\hline
& & & &
\begin{array}{l} 2a \\ -c \end{array} &
\begin{array}{l} x^2-4a^2 \\ +2ac \\ -c^2 \end{array} &
\begin{array}{l} x+8a^3 \\ -4a^2c \end{array}
\end{array}
$$

$$
\begin{aligned}
&1^{\text{er}}\ \text{reste} && \left\{\begin{array}{l} -2ac \\ -c^2 \end{array}\right| x^3 \\[4pt]
&2^{\text{e}}\ \text{reste} && \left\{\begin{array}{l} -\ 8a^5 \\ -\ \ c^3 \end{array}\right| x^2 \\[4pt]
&3^{\text{e}}\ \text{reste} && \left\{\begin{array}{l} +\ 4a^2c \\ -\ \ c^3 \end{array}\right| x^2 \\[4pt]
&4^{\text{e}}\ \text{reste} && \left\{\begin{array}{l} -\ 2ac^2 \\ -\ \ c^3 \end{array}\right| x^2 \\[4pt]
&5^{\text{e}}\ \text{reste} && \left\{\begin{array}{l} +16a^4 \\ -\ 4a^2c^2 \end{array}\right| x \\[4pt]
&6^{\text{e}}\ \text{reste} && \left\{\begin{array}{l} -\ 8a^3c \\ -\ 4a^2c^2 \end{array}\right| x \\[4pt]
&7^{\text{e}}\ \text{reste} && \qquad\qquad 0
\end{aligned}
$$

On divise $4\,a^2\,x^3$ par $2\,a\,x$, ce qui donne $2\,a\,x^2$ au quotient.

En multipliant $(2\,a + c)\,x$ par $2\,a\,x^2$, et retranchant le produit du dividende, on obtient le premier reste.

On divise de nouveau $-2\,a\,c\,x^3$ par $2\,a\,x$, ce qui donne $-c\,x^2$. On multiplie $(2\,a + c)\,x$ par $-c\,x^2$ et on retranche le produit du dividende. Alors les termes en x^3 disparaissent.

Maintenant on forme tous les termes en x^2 que le diviseur peut fournir avec les termes trouvés au quotient, et à mesure qu'on les forme on les retranche du dividende. On obtient ainsi le deuxième rete.

On divise $-8\,a^3\,x^2$ par $2\,a\,x$, et on a $-4\,a^2\,x$. On multiplie $(2\,a + c)\,x$ par $-4\,a^2\,x$ et on retranche le produit du deuxième reste, ce qui donne le troisième reste. Ainsi de suite.

EXEMPLES DE CALCUL ALGÉBRIQUE QUI CONDUISENT A DES RÉSULTATS REMARQUABLES.

38. Soient a et b deux quantités quelconques, a étant la plus grande; leur différence sera $(a - b)$ et leur somme $(a + b)$.

Les règles de l'addition et de la soustraction donnent

$$(a+b)+(a-b)=a+b+a-b=2\,a,$$
$$(a+b)-(a-b)=a+b-a+b=2\,b;\ \text{d'où}$$

$$[1] \ldots\ldots \begin{cases} a = \dfrac{(a+b)}{2} + \dfrac{(a-b)}{2}. \\[2mm] b = \dfrac{(a+b)}{2} - \dfrac{(a-b)}{2}. \end{cases}$$

Ainsi $1°$ *la plus grande de deux quantités est égale à leur demi-somme augmentée de leur demi-différence;* $2°$ *la plus petite de deux quantités est égale à leur demi-somme diminuée de leur demi-différence.*

39. La règle de la multiplication donne :

$$
\begin{array}{l}
a + b \\
a + b \\
\hline
a^2 + ab \\
 + ab + b^2 \\
\hline
a^2 + 2ab + b^2
\end{array}
\quad
\begin{array}{l}
a - b \\
a - b \\
\hline
a^2 - ab \\
 - ab + b^2 \\
\hline
a^2 - 2ab + b^2
\end{array}
\quad
\begin{array}{l}
a + b \\
a - b \\
\hline
a^2 + ab \\
 - ab - b^2 \\
\hline
a^2 - b^2
\end{array}
$$

Le premier produit est le carré de $(a + b)$ et démontre un théorème connu de l'arithmétique.

Le second montre que *le carré de la différence de deux quantités est égal à la somme de leurs carrés diminuée du double de leur produit.*

Le troisième montre que *le produit de la somme de deux quantités par leur différence est égal à la différence des carrés de ces quantités.*

N. B. L'analogie qui règne entre les deux premiers résultats permet de renfermer les deux cas dans une seule formule :

$$(a \pm b)^2 = a^2 \pm 2\,ab + b^2.$$

40. En vertu de ce qui précède, si nous multiplions, membre à membre, les égalités [1] du numéro 38, nous obtiendrons immédiatement

$$ab = \left(\frac{a+b}{2}\right)^2 - \left(\frac{a-b}{2}\right)^2$$

Ainsi, le *produit de deux quantités est égal au carré de leur demi-somme diminué du carré de leur demi-différence.*

41. Effectuons la multiplication ci-après :

$$x^m + ax^{m-1} + a^2 x^{m-2} \ldots\ldots + a^{m-2} x^2 + a^{m-1} x + a^m$$
$$x - a$$

$$\text{Prod.} \begin{cases} x^{m+1} + ax^m + a^2 x^{m-1} \ldots\ldots + a^{m-2} x^3 + a^{m-1} x^2 + a^m x \\ \quad - ax^m - a^2 x^{m-1} - a^3 x^{m-2} \ldots\ldots - a^{m-1} x^2 - a^m x - a^{m+1} \end{cases}$$

Si dans le multiplicande on remplace les points par une suite de termes soumis à la même loi que ceux qui précèdent, c'est-à-dire par des termes affectés du signe $+$ du coefficient **1**, et dans lesquels les exposants de a augmentent successivement d'une unité et ceux de x diminuent d'une unité, de telle sorte que le degré de chaque terme reste constamment le même, il est clair que dans la première ligne du produit chaque terme, à partir du second, aura au-dessous de lui un terme égal et de signe contraire ; de sorte qu'après la réduction il ne restera que

$$x^{m+1} - a^{m+1}.$$

Par une réciprocité évidente, si on divise ce dernier binome par $x - a$, on doit retrouver le multiplicande ci-dessus.

Or, m est un nombre entier quelconque ; on peut donc remplacer $m + 1$ par m dans le multiplicande et dans le produit et alors on est conduit à cette égalité :

$$\frac{x^m - a^m}{x - a} = x^{m-1} + ax^{m-2} + a^2 x^{m-3} : \ldots + a^{m-2} x + a^{m-1}.$$

On peut d'ailleurs démontrer directement cette égalité, en effectuant la division. Il vient alors

$$
\begin{array}{l}
x^m - a^m \ \text{Dividende} \left\{ \dfrac{x - a \ \text{Diviseur.}}{x^{m-1} + ax^{m-2} + a^2 x^{m-3} + a^3 x^{m-4} \ldots} \right. \\[4pt]
\underline{-x^m + ax^{m-1}} \\[2pt]
1^{\text{er}} \text{ reste } + ax^{m-1} - a^m \\[2pt]
\underline{\quad\quad -ax^{m-1} + a^2 x^{m-2}} \\[2pt]
2^e \text{ reste } \ldots\ldots + a^2 x^{m-2} - a^m \\[2pt]
\underline{\quad\quad\quad\quad -a^2 x^{m-2} + a^3 x^{m-3}} \\[2pt]
2^e \text{ reste } \ldots\ldots\ldots\ldots + a^3 x^{m-3} - a^m . \\[4pt]
\hspace{8cm} \text{etc.} \ldots\ldots
\end{array}
$$

On remarque que les restes successifs sont composés d'un terme constant $- a^m$, et d'un autre terme dans lequel l'exposant de a augmente et celui de x diminue d'une unité chacun à chaque opération.

Donc après la m^{me} opération, l'exposant de a sera m, et celui de x zéro; le m^{me} reste sera par conséquent $+ a^m x^0 - a^m$ ou zéro. Ce qui prouve que le quotient est une quantité entière composée de m termes.

Quant à sa loi de formation, elle est facile à reconnaître.

42. En remplaçant a par $- a$ dans le dividende, le diviseur et le quotient, et observant qu'en vertu de la règle des signes, toute puissance paire d'une quantité négative est *positive* et toute puissance impaire, *négative*, il vient

$$
\frac{x^m - (-a)^m}{x + a} = x^{m-1} - ax^{m-2} + a^2 x^{m-3} - a^3 x^{m-4} \text{ etc.} \ldots
$$

Or, si m est un nombre pair, le dividende devient $x^m - a^m$; si m est impair, le dividende devient $x^m + a^m$. D'où l'on tire ces conséquences :

1° *Toute expression de la forme* $x^m - a^m$ *est divisible exactement par* $x + a$, *si* m *est un nombre pair;*

2° *Toute expression de la forme* $x^m + a^m$ *est divisible exactement par* $x + a$, *si* m *est impair.*

Dans l'un et l'autre cas, les termes du quotient sont alternativement positifs et négatifs.

Du reste ils suivent la même loi que ceux du quotient de $x^m - a^m$ par $x - a$.

DES EXPRESSIONS FRACTIONNAIRES.

43. Le quotient d'un monome par un monome ne saurait être une quantité entière lorsque le diviseur contient des lettres qui ne sont pas dans le dividende, ou bien lorsque l'exposant d'une lettre dans le diviseur est plus fort que l'exposant de cette même lettre dans le dividende.

44. Le quotient de deux polynomes ne saurait avoir tous ses termes entiers lorsque le diviseur contient des lettres qui ne sont pas dans le dividende; ou bien lorsque le terme du dividende qui contient une lettre quelconque, avec le plus fort exposant, divisé par le terme du diviseur qui contient cette même lettre avec le plus fort exposant, ne donne pas un quotient entier. (Même remarque à l'égard des termes qui contiennent une lettre avec le plus faible exposant.)

45. Alors on se contente d'indiquer la division en écrivant le diviseur sous le dividende et en les séparant par un trait horizontal, comme il suit :

$$\frac{30a^2b^2c^5}{15a^5b^2cd} \qquad \frac{a^2c-b^5c+a^2bd-b^4d}{a^5n+a^2m-ab^5n-b^5m} \qquad \ldots \; [1]$$

Ces quotients indiqués se nomment *fractions algébriques*, et se comportent d'après les mêmes règles que les fractions numériques. (Nous ne démontrerons pas ces règles ici, attendu que les raisonnements seraient analogues à ceux qui ont été faits en arithmétique.)

Ainsi une fraction algébrique ne change pas de valeur lorsqu'on multiplie ou qu'on divise ses deux termes par une même quantité.

De là les conséquences suivantes :

1º *On peut changer les signes des deux termes d'une fraction algébrique*, car cela revient à multiplier chaque terme par —1.

2º *On peut toujours ramener une fraction à ne con-*

tenir que des coefficients entiers à ses deux termes. C'est ainsi qu'en multipliant par 12 tous les termes de la fraction;

$$\frac{\frac{1}{2}ac^2 - \frac{1}{3}bc^2}{\frac{1}{4}a^2 - \frac{1}{6}ab}, \text{ on a } \frac{6ac^2 - 4bc^2}{3a^2 - 2ab}$$

3° *On peut simplifier une fraction algébrique en supprimant les facteurs communs à ses deux termes.* Exemple:

$$\frac{30a^2b^2c^3}{15a^3b^2cd} = \frac{15 \times 2 \times a^2 \times b^2 \times c \times c^2}{15 \times a^2 \times a \times b^2 \times c \times d} = \frac{2c^2}{ad}$$

De même la seconde fraction ci-dessus [1] peut s'écrire :

$$\frac{(a^2-b^3)c + (a^2-b^3)bd}{(an+m)a^2 - (an+m)b^3} = \frac{(a^2-b^3)(c+bd)}{(an+m)(a^2-b^3)} = \frac{c+bd}{an+m}.$$

45. Pour réduire au même dénominateur les fractions

$$\frac{m}{20a^2b^3}, \qquad \frac{n}{15a^3c^2}, \qquad \frac{p}{18b^2c}, \qquad \frac{q}{30c^2d},$$

on décompose les dénominateurs ainsi :

$$2^2 \times 5 \times a^2b^3, \quad 3 \times 5 \times a^3c^2, \quad 2 \times 3^2 \times b^2c, \quad 2 \times 3 \times 5 \times c^2d.$$

On prend chaque facteur avec son plus haut exposant, et on a le plus simple dénominateur commun :

$$2^2 \times 3^2 \times 5 \times a^3b^3c^2d \quad \text{ou} \quad 180\,a^3b^3c^2d.$$

Ensuite on introduit dans le numérateur de chaque fraction respectivement les mêmes facteurs qu'on a introduits dans le dénominateur. Alors il vient :

$$\frac{9ac^2dm}{180a^3b^3c^2d}, \qquad \frac{12b^3dn}{180a^3b^3c^2d}, \qquad \frac{10a^3bcdp}{180a^3b^3c^2d}, \qquad \frac{6a^3b^3q}{180a^3b^3c^2d}.$$

46. L'impossibilité d'exprimer en quantités entières le quotient de deux polynomes ne se manifeste pas toujours à la simple inspection du dividende et du diviseur; mais on en sera averti par les calculs, lorsqu'on arrive à un reste dont le premier terme ne se divise pas exactement par le premier terme du di-

viseur. Souvent même on n'a pas besoin de pousser les calcul[s]
aussi loin.

Par exemple, si la division ci-dessous pouvait s'effectue[r]
exactement, le dernier terme du quotient devrait être $+x^4$; o[r]
on est conduit à ce terme sans qu'il en résulte un reste zéro; c[e]
qui prouve que l'opération ne se terminera point.

$$x^8 + x^6 - x^5 + x^4 \;\big|\; x^3 - x^2 + 1$$
$$\text{1}^{\text{er}}\text{ reste } x^7 + x^6 - 2x^5 + x^4 \;\big|\; \overline{x^5 + x^4}$$
$$\text{2}^{\text{e}}\text{ reste } \ldots\; 2x^6 - 2x^5$$

Si l'on avait ordonné par rapport aux puissances croissante[s]
de x, on aurait également reconnu l'impossibilité dès le deuxièm[e]
terme du quotient.

On pourrait, dans l'exemple ci-dessus, continuer les calcul[s]
jusqu'à ce qu'on obtînt un reste dans lequel les exposants de [x]
fussent plus faibles que dans le diviseur. Alors le quotient serai[t]
$x^5 + x^4 + 2x^3 - 2$, et le reste $-2x^2+2$. Cette opération a d[e]
l'analogie avec ce qu'on appelle, en arithmétique, l'extractio[n]
des entiers d'un nombre fractionnaire; et pour cette raison o[n]
a adopté la même notation; ce qui donne :

$$\frac{x^8 + x^6 - x^5 + x^4}{x^3 - x^2 + 1} = x^5 + x^4 + 2x^3 - 2 + \frac{-2x^2 + 2}{x^3 - x^2 + 1}.$$

DES EXPOSANTS NÉGATIFS.

47. On appelle *inverse* d'une quantité l'unité divisée pa[r]
cette quantité. Ainsi l'inverse de a^n est

$$\frac{1}{a^n}.$$

On a imaginé de remplacer cette quantité fractionnaire pa[r]
une expression de forme entière. Pour y arriver on remarqu[e]
que l'expression a^{m-n} représentant le quotient de a^m par a[,]
lorsque n ne surpasse pas m, on peut, en vertu d'une conven[-]

ion nouvelle, lui faire désigner la même chose lorsque $m = o$.
On a alors :

$$a^{o-n} = \frac{a^o}{a^n}, \text{ ou en simplifiant } a^{-n} = \frac{1}{a^n}.$$

Ainsi, *toute quantité affectée d'un exposant négatif représente l'inverse de la même quantité affectée du même exposant positif.*

D'après cela 10^0, 10^{-1}, 10^{-2}, 10^{-3} . . . . . . représentent des nombres de 10 en 10 fois plus petits à partir de l'unité.

48. D'après ce qui précède, on a successivement :

$$\frac{2a^3}{3b^2c} = \frac{2}{3} a^3 \times \frac{1}{b^2} \times \frac{1}{c} = \frac{2}{3} a^3 b^{-2} c^{-1}.$$

Cet exemple montre comment tout terme fractionnaire peut être mis sous forme entière.

49. Le polynome $\quad 5x^2 + ax + a^2 + \dfrac{a^3}{x} + \dfrac{a^4}{x^2} + \dfrac{a^5}{x^3}$

peut s'écrire $\quad 5x^2 + ax + a^2x^0 + a^3x^{-1} + a^4x^{-2} + a^5x^{-3}.$

Nous avons là un polynome homogène du deuxième degré, ordonné suivant les puissances décroissantes de x.

Si l'on fait $x = 10$ et $a = 2$, il devient :

$$500 + 20 + 4 + 0,8 + 0,16 + 0,032 = 524,992.$$

50. D'après ce qui précède, l'inverse de $2\,a^3\,b^{-2}\,c^{-1}$ donne

$$\frac{1}{2a^3b^{-2}c^{-1}} = 1 : \frac{2a^3}{b^2c} = 1 \times \frac{b^2c}{2a^3} = \frac{1}{2} b^2 c a^{-3}.$$

Ainsi, *l'inverse d'un terme quelconque s'obtient en faisant l'inverse du coefficient et en changeant les signes de tous les exposants.*

A propos des coefficients, on doit remarquer que l'inverse d'une quantité fractionnaire revient à la fraction renversée (Arithmétique). Ainsi l'inverse de $\frac{2}{3}$ est $\frac{3}{2}$.

51. Il est très remarquable que les exposants négatifs se
comportent dans le calcul exactement de la même manière que
les exposants positifs. Exemples :

$$a^5 \times a^{-5} = a^5 \times \frac{1}{a^5} = \frac{a^5}{a^5} = \frac{1}{a^2} = a^{-2} = a^{5-5}$$

$$a^{-5} \times a^{-5} = \frac{1}{a^5} \times \frac{1}{a^5} = \frac{1}{a^8} = a^{-8} = a^{-5-5}.$$

Ainsi *l'exposant d'une lettre dans un produit est la
somme algébrique des exposants dont cette lettre est
affectée dans les deux facteurs.*

De là on déduit, pour la division, la règle déjà énoncée au
n° 30.

52. Voici un exemple dans lequel ces règles trouveront leur
application :

$$
\begin{array}{rl|l}
 & 4x^5 - 3ax^2 + 2a^2x - \ a^3 & 2x^2 - 3ax + 4a^2 \\
\hline
1^{\text{er}} \text{ reste} & 3ax^2 - 6a^2x - \ a^3 & 2x + \frac{3}{2}a - \frac{3}{4}a^2x^{-1} - \frac{57}{6}a^3x^{-2} \ldots \\
2^{\text{e}} \text{ reste} \ldots & -\frac{5}{2}a^2x - 7a^5 & \\
3^{\text{e}} \text{ reste} \ldots\ldots & -\frac{57}{4}a^5 + 3a^4x^{-1} & \\
\end{array}
$$

$$\text{etc.} \ldots$$

Ici le quotient aurait un nombre illimité de termes ; et l'opération a de l'analogie avec celle qui, en arithmétique, est connue sous le nom de réduction des fractions ordinaires en fractions périodiques.

53. Généralement on ne considère que des polynomes
entiers relativement à la lettre ordonnatrice, c'est-à-dire des
polynomes qui ne contiennent pas cette lettre affectée d'exposants négatifs. Et lorsqu'on veut simplement obtenir tous les
termes entiers du quotient de deux polynomes qui contiennent
des exposants négatifs d'une lettre x, on a soin de rendre le
diviseur entier, en le multipliant, ainsi que le dividende, par
une puissance positive de x, marquée par le plus grand exposant
négatif que cette lettre a dans le diviseur.

CHAPITRE II.

ÉQUATIONS DU PREMIER DEGRÉ.

54. Lorsqu'on a deux expressions qui renferment, outre des quantités données, une ou plusieurs quantités inconnues qu'il faut déterminer de manière que ces expressions deviennent égales en valeur, on les joint par le signe $=$ et on donne au résultat le nom d'*équation*. Exemples :

$$30+x=60-2x, \qquad (y+b)(y-b)=4a^2-b^2;$$

x et y étant des quantités inconnues. L'expression placée à gauche du signe $=$ se nomme *premier membre*; l'autre, *second membre*.

La première de ces équations est *numérique*, parce qu'il n'y a que l'inconnue qui soit représentée par une lettre; la seconde est *littérale*, parce qu'elle renferme des lettres a, b, qui représentent des quantités connues.

Lorsqu'on remplace les inconnues d'une équation par des valeurs (numériques ou littérales) telles que l'égalité subsiste entre les deux membres, on obtient une *égalité proprement dite*. Ainsi, en remplaçant x par 10 et y par $2a$, on a les égalités :

$$30+10=60-2\times10 \qquad (2a+b)(2a-b)=4a^2-b^2.$$

Pour s'assurer de l'exactitude d'une égalité on n'a qu'à effectuer les calculs indiqués dans ses deux membres, et voir si ces membres se réduisent exactement à la même forme chacun.

En effectuant les calculs, les égalités ci-dessus deviennent :

$$40=40 \qquad 4a^2-b^2=4a^2-b^2.$$

Dès lors elles sont évidentes d'elles-mêmes et portent le nom d'*identités*.

PRINCIPES GÉNÉRAUX RELATIFS AUX ÉQUATIONS.

55. Les deux membres d'une équation représentant des quantités égales, si l'on fait subir la même modification à chacun, les deux résultats seront égaux et formeront une nouvelle équation.

56. C'est ce qui arrive lorsqu'on ajoute aux deux membres ou qu'on en retranche une même quantité. Ainsi qu'on ait l'équation :

$$[1] \qquad x + a = b - y.$$

on peut retrancher une même quantité a de chaque membre, et on a $x + a - a = b - y - a$, qui se réduit à $x = b - y - a$.

Aux deux membres de cette dernière équation on peut ajouter y, et il vient $x + y = b - y - a + y$, ou en réduisant :

$$[2] \qquad x + y = b - a.$$

En comparant les équations [1] et [2] on verra qu'*on peut transposer un terme d'un membre dans l'autre, en changeant son signe.*

57. Il résulte de là que lorsqu'on change de place les deux membres d'une équation, tous les termes changent de signe.

Ainsi l'équation $x - a = b - y$ donne :

$$[3] \qquad -b + y = -x + a$$

D'un autre côté, il est évident aussi que l'on peut changer les membres de place sans aucune altération; car $x - a = b - y$ est évidemment la même chose que

$$[4] \qquad b - y = x - a.$$

En comparant les équations [3] et [4], on voit que *l'on peut changer les signes de tous les termes d'une équation.*

58. On peut aussi multiplier ou diviser les deux membres d'une équation par une même quantité.

A l'aide de ce principe :

1° *On peut simplifier toute équation qui contient un*

facteur commun à tous ses termes, en supprimant ce fac-
teur (pourvu toutefois qu'il ne renferme aucune inconnue).

2° *On peut faire disparaître les dénominateurs d'une*
équation, en multipliant tous les termes par une quantité
exactement divisible par tous les dénominateurs.

EXEMPLE I. $\quad \dfrac{5x}{6} + \dfrac{y}{2} - 8 = 5 + \dfrac{2x}{3} - \dfrac{7y}{4}.$

On peut multiplier par 12, qui est le plus petit dividende
commun de tous les dénominateurs ; ce qui donne :

$$10x + 6y - 96 = 60 + 8x - 21y.$$

EXEMPLE II. $\quad \dfrac{5y}{8} - \dfrac{11}{12} + \dfrac{10}{3y} = \dfrac{5}{4x} - \dfrac{x}{6y} + \dfrac{1}{2xy}.$

En multipliant par $24xy$, on a :

$$15xy^2 - 22xy + 80x = 30y - 4x^2 + 12.$$

EXEMPLE III. $\quad 3 + \dfrac{15}{2x+1} = \dfrac{20}{4x^2-1} - \dfrac{12}{2x-1}.$

On remarque que $4x^2 - 1$ revient à $(2x+1)(2x-1)$. On peut
donc multiplier par $4x^2 - 1$, et il vient :

$$3(4x^2 - 1) + 15(2x - 1) = 20 - 12(2x + 1),$$

ou bien $\quad 12x^2 - 3 + 30x - 15 = 20 - 24x - 12.$

59. Après avoir ainsi ramené une équation à ne plus contenir que des termes entiers séparés entre eux par les signes $+$
et $-$, le *degré* de l'équation sera marqué par la somme des
exposants des inconnues, prise dans le terme où cette somme
est la plus forte.

Ainsi, dans le numéro précédent, l'exemple II est une équation du *troisième degré* à deux inconnues, parce qu'après l'é-
vanouissement des dénominateurs, le terme $15xy^2$, qui contient
le plus de facteurs inconnus, en a *trois*.

L'exemple III est du *deuxième degré*, et l'exemple I du
premier degré.

2.

RÉSOLUTION D'UNE ÉQUATION DU PREMIER DEGRÉ A UNE SEULE INCONNUE.

60. Les valeurs qui, étant mises à la place des inconnues d'une équation, rendent les deux membres égaux, forment une *solution* de l'équation. On dit alors que l'équation est *vérifiée* ou bien qu'elle est *satisfaite* par ces valeurs. Le procédé que l'on emploie pour déterminer ces valeurs se nomme *résolution* de l'équation.

La résolution d'une équation présente d'autant plus de difficulté, que le degré de l'équation est plus élevé. Pour graduer les difficultés, on a rangé les équations en diverses classes.

61. Pour résoudre une équation du premier degré à une inconnue :

1° *Faites disparaître les dénominateurs ;*

2° *Réunissez dans un membre tous les termes qui contiennent l'inconnue, et dans l'autre tous les termes connus ;*

3° *Faites les réductions dans les deux membres ;*

4° *Divisez chaque membre par le coefficient de l'inconnue.*

Il va sans dire que l'on doit effectuer les calculs indiqués que peut présenter une équation soit avant l'évanouissement des dénominateurs, soit après. Et si après les réductions l'inconnue se trouvait avoir le signe —, il faudrait changer les signes des deux membres de l'équation.

EXEMPLE I. $\dfrac{4x}{5} - 9 = 11 + \dfrac{2x}{3}$

on a (1°) $12x - 135 = 165 + 10x$

. . . (2°) $12x - 10x = 165 + 135$

. . . (3°) $\qquad 2x = 300$

. . . (4°) $\qquad x = 150$

Vérification.

Remplaçant x par 150 dans l'équation, il vient successivement :

$$\frac{4 \times 150}{5} - 9 = 11 + \frac{2 \times 150}{3}$$

$$120 - 9 = 11 + 100$$

$$111 = 111.$$

EXEMPLE II.
$$10,3 - \frac{x+2,5}{3} = 8 - \frac{x-3}{5}$$

on a (1º) $154,5 - 5(x+2,5) = 120 - 3(x-3)$
ou bien $154,5 - 5x - 12,5 = 120 - 3x + 9$
on a (2º) $-5x + 3x = 120 + 9 - 154,5 + 12,5$
. . . (3º) $-2x = -13$
ou bien $+2x = +13$
on a (4º) $x = \frac{13}{2} = 6,5$

EXEMPLE III.
$$\left(3a+\tfrac{1}{2}b\right)^2 - \tfrac{5}{2}ab = \frac{27a^3 - \tfrac{1}{8}b^3}{x - \tfrac{1}{2}b}$$

Développant le carré $\left(3a+\tfrac{1}{2}b\right)^2$, et multipliant par 8 les deux termes de la fraction qui est dans le second membre, on a :

$$9a^2 + \tfrac{3}{2}ab + \tfrac{1}{4}b^2 = \frac{216a^3 - b^3}{8x - 4b}.$$

Chassant les dénominateurs, il vient successivement :

$$72a^2x + 12abx + 2b^2x - 36a^2b - 6ab^2 - b^3 = 216a^3 - b^3.$$
$$72a^2x + 12abx + 2b^2x = 216a^3 - b^3 + 36a^2b + 6ab^2 + b^3.$$
$$(72a^2 + 12ab + 2b^2)x = 216a^3 + 36a^2b + 6ab^2.$$
$$(36a^2 + 6ab + b^2)x = 108a^3 + 18a^2b + 3ab^2.$$

$$x = \frac{108a^3 + 18a^2b + 3ab^2}{36a^2 + 6ab + b^2} = 3a.$$

Équations à résoudre	Solutions
$4x - 0,5 + 3x = 7x - 1,5 + 2x$	$x = 0,5$
$3,5x + 2,65 - 0,3x = 3x + 4,05 - 0,5x$	$x = 2.$
$\dfrac{2x}{3} - \dfrac{13}{8} + \dfrac{3x}{4} = \dfrac{5x}{12} + 23 - \dfrac{5}{8}$ . . .	$x = 24.$
$12 - \dfrac{2x-7}{5} = \dfrac{8x+2}{15} + 7\tfrac{2}{3}$ . . .	$x = 6.$
$\dfrac{13}{4-4x} - \dfrac{5}{6} = 1 + \dfrac{7}{3-3x}$	$x = 0,5.$

NB. Nous engageons les élèves à s'exercer, dès à présent, à la résolution de quelques problèmes, page 49 et suivantes.

SYSTÈME DE DEUX ÉQUATIONS A DEUX INCONNUES.

62. Quand deux équations à deux inconnues se vérifient par les mêmes valeurs des inconnues, elles forment ce qu'on appelle un *système*.

Pour résoudre un tel système, on opère de manière à en déduire une nouvelle équation qui ne renferme plus qu'une inconnue. Alors l'inconnue qui a disparu est dite *éliminée*.

Cette élimination peut se faire par plusieurs méthodes. Mais avant on ramène les équations aux formes

$$[1] \quad ax+by=c \qquad [2] \quad a'x+b'y=c';$$

a, b, c, a', b', c' étant des quantités connues entières, positives ou négatives. Il suffit pour cela de chasser les dénominateurs, de réunir tous les termes inconnus dans un membre et les termes connus dans l'autre, puis de faire les réductions.

1re MÉTHODE, ou élimination par *comparaison*.

Elle consiste à tirer de chacune des équations [1] et [2] la valeur de l'inconnue que l'on veut éliminer, et à égaler entre elles les deux valeurs obtenues. Voici comment se présentent les calculs :

<table>
<tr><td>Elimination de x.</td><td>Elimination de y.</td></tr>
</table>

$$\left\{\begin{aligned} x &= \frac{c-by}{a} \\ x &= \frac{c'-b'y}{a'} \end{aligned}\right. \qquad\qquad \left\{\begin{aligned} y &= \frac{c-ax}{b} \\ y &= \frac{c'-a'x}{b'} \end{aligned}\right.$$

$$\frac{c-by}{a} = \frac{c'-b'y}{a'} \qquad\qquad \frac{c-ax}{b} = \frac{c'-a'x}{b'}$$

On déduit de là:

$$\begin{aligned} ca'-ba'y &= ac'-ab'y \\ ab'y-ba'y &= ac'-ca' \\ y &= \frac{ac'-ca'}{ab'-ba'} \end{aligned} \qquad \begin{aligned} cb'-ab'x &= bc'-ba'x \\ ba'x-ab'x &= bc'-cb' \\ x &= \frac{bc'-cb'}{ba'-ab'} \end{aligned}$$

Ces deux valeurs réunies satisfont aux équations [1] et [2].

2e MÉTHODE, ou élimination par *substitution*.

On tire la valeur d'une inconnue de la 1re équation, puis on substitue cette valeur dans la seconde, ce qui donne :

Élimination de x.	Élimination de y.
$x = \dfrac{c-by}{a}$	$y = \dfrac{c-ax}{b}$
$a' \times \dfrac{c-by}{a} + b'y = c'$	$a'x + b' \times \dfrac{c-ax}{b} = c'$
$ca' - ba'y + ab'y = ac'$	$ba'x + cb' - ab'x = bc'$
$ab'y - ba'y = ac' - ca'$	$ba'x - ab'x = bc' - cb'$
$y = \dfrac{ac' - ca'}{ab' - ba'}$	$x = \dfrac{bc' - cb'}{ba' - ab'}$

3e **Méthode**, dite des *indéterminées* (due à *Bezout*).

On multiplie la première équation par une quantité indéterminée m, puis on la retranche de la seconde; ce qui donne :

$$(a' - am)x + (b' - bm)y = c' - cm.$$

Pour éliminer x, on pose :	Pour éliminer y, on pose :
$a' - am = o$; $(b' - bm)y = c' - cm$	$b' - bm = o$; $(a' - am)x = c' - cm$
$m = \dfrac{a'}{a}$; $\left(b' - \dfrac{ba'}{a}\right)y = c' - \dfrac{ca'}{a}$.	$m = \dfrac{b'}{b}$; $\left(a' - \dfrac{ab'}{b}\right)x = c' - \dfrac{cb'}{b}$
$y = \dfrac{c' - \dfrac{ca'}{a}}{b' - \dfrac{ba'}{a}} = \dfrac{ac' - ca'}{ab' - ba'}$	$x = \dfrac{c' - \dfrac{cb'}{b}}{a' - \dfrac{ab'}{b}} = \dfrac{bc' - cb'}{ba' - ab'}$

4e **méthode**, ou élimination par *réduction*.

On multiplie les deux membres de chaque équation par le coefficient dont l'inconnue, qu'il s'agit d'éliminer, est affectée dans l'autre équation; puis on retranche les équations l'une de l'autre.

Élimination de x.	Élimination de y.
$aa'x + ba'y = \quad ca'$	$ab'x + bb'y = \quad cb'$
$-aa'x - ab'y = -ac'$	$-ba'x - bb'y = -bc'$
$(ba' - ab')y = ca' - ac'$	$(ab' - ba')x = cb' - bc'$
$y = \dfrac{ca' - ac'}{ba' - ab'}$	$x = \dfrac{cb' - bc'}{ab' - ba'}$

Ces formules ne diffèrent des précédentes qu'en ce que les signes des numérateurs et des dénominateurs sont changés; ce qui n'altère en rien les valeurs des deux fractions (n° 45, 1°).

63. Remarque. Les valeurs de x et de y trouvées précédemment peuvent être ramenées à avoir exactement le même dénominateur. Il suffit pour cela de changer les signes du numérateur et du dénominateur de l'une d'elles. Modifions ainsi la valeur de y trouvée par la 4e méthode, et écrivons les équations en regard des formules; alors il vient :

$$a\,x+b\,y=c \atop a'x+b'y=c' \Big\} \quad x=\frac{cb'-bc'}{ab'-ba'}, \quad y=\frac{ac'-ca'}{ab'-ba'}.$$

En examinant attentivement ce tableau, on découvre une règle pratique, facile à retenir, et à l'aide de laquelle on peut, sans calcul, déduire les formules des équations. Voici cette règle :

Pour former le dénominateur commun, on fait les permutations ab, ba des coefficients des inconnues dans la première équation, on met un accent sur chaque deuxième lettre, et on sépare les deux produits par le signe —(ce qui donne ab'—ba').

Pour former les numérateurs des inconnues, il suffit de remplacer, dans leur dénominateur commun, le coefficient de l'inconnue que l'on considère par le terme connu de l'équation qui contient ce coefficient (savoir : a et a' par c et c' pour x; b et b' par c et c' pour y).

64. Voici quelques applications de cette règle :

$$3x+5y=27 \atop 2x+7y=29 \Big\} \quad x=\frac{27\times 7-29\times 5}{3\times 7-2\times 5}=\frac{189-145}{21-10}=\frac{44}{11}=4.$$

N. B. Au lieu de calculer de la même manière la valeur de y, il est plus simple de remplacer dans l'une des équations proposées, l'inconnue x par sa valeur qu'on vient de trouver. Alors la première équation devient $3\times 4+5y=27$; d'où l'on tire $y=3$.

$$\left.\begin{array}{l}3x-7y=\ 4\\2x+5y=22\end{array}\right\}\ x=\frac{4\times5-22\times-7}{3\times5-\ 2\times-7}=\frac{20+154}{15+\ 14}=\frac{174}{29}=6.$$

Par suite $2\times6+5y=22$; d'où $y=2$.

$$\left.\begin{array}{l}5x-\ 3y=14\\8x-15y=\ 2\end{array}\right\}\ x=\frac{14\times-15-2\times-3}{5\times-15-8\times-3}=\frac{-210+6}{-75+24}=\frac{-204}{-\ 51}=4.$$

Par suite $5\times4-3y=14$; d'où $y=2$.

$$\left.\begin{array}{l}2x-y=\ 0\\5x+y=35\end{array}\right\}\ x=\frac{-35\times-1}{2-\ 5\times-1}=\frac{35}{2+5}=5.$$

Puis $2\times5-y=0$; d'où $y=10$.

$$\left.\begin{array}{l}3ax-2by=0\\3bx-2ay=6(b^2c-a^2c)\end{array}\right\}\ x=\frac{-6(b^2c-a^2c)\times-2b}{3a\times-2a-3b\times-2b}=$$

$$\frac{+12b(b^2c-a^2c)}{-6a^2+6b^2}=\frac{12bc(b^2-a^2)}{6\,(b^2-a^2)}=2bc.$$

Ainsi $x=2bc$; par suite $3a\times2bc-2by=0$; $6abc-2by=0$; $3ac-y=0$; d'où $y=3ac$.

65. On ne fait guère usage des formules générales lorsqu'on a à traiter des équations numériques. On aime mieux résoudre les équations directement à cause des abréviations de calcul auxquelles peuvent donner lieu les valeurs particulières des coefficients des inconnues. C'est ainsi, par exemple, que la méthode par substitution est employée avec avantage lorsque le coefficient d'une inconnue est égal à l'unité.

EXEMPLE. Soit les équations :

$$y+3x=20 \qquad \text{et} \qquad 5x-2y=15$$

La 1re donne $y=20-3x$; donc
$$\begin{aligned}5x-2(20-3x)&=15\\5x-40+6x&=15\\5x+6x&=15+40\\11x&=55\\x&=5.\end{aligned}$$

Par suite, on a $y=20-15=5$.

66. De toutes les méthodes d'élimination la plus expéditive est la 4me, c'est-à-dire l'élimination par *réduction*.

Elle consiste à rendre égaux les coefficients de l'inconnue qu'on veut éliminer, puis à retrancher, membre à membre, les équations l'une de l'autre, ou bien à les ajouter, suivant que cette inconnue a le même signe ou des signes contraires.

EXEMPLE I.
$$\begin{cases} 5x-3y= 3 \\ 4x+2y=20 \end{cases}$$

Pour éliminer y, on multiplie la première équation par 2, coefficient de y dans la seconde ; puis la seconde par 3, coefficient de y dans la première ; on a ainsi :

$$10x-6y=6$$
$$12x+6y=60.$$

Comme les termes en y ont des signes contraires, en ajoutant les équations membre à membre, $-6y$ et $+6y$ se détruisent, et on obtient immédiatement :

$$22x=66 ; \text{d'où } x=3.$$

Substituant cette valeur dans la première équation, on a

$$5\times3-3y=3 ; \text{d'où } y=4.$$

Ainsi les valeurs des deux inconnues sont $x=3, y=4$.

EXEMPLE II.
$$\begin{cases} 21x+30y=72 \\ 14x+15y=43 \end{cases}$$

On remarque que les coefficients de x ont un facteur commun ; car $14=7\times2$ et $21=7\times3$.

Donc, pour les rendre égaux, il suffit de multiplier la première équation par 2 et la seconde par 3 ; alors il vient :

$$42x+60y=144$$
$$42x+45y=129$$

Comme les termes en x ont le même signe, il faut retrancher les équations l'une de l'autre; ce qui se fait en changeant les signes de l'une d'elles. On a alors :

$$42x + 60y = 144$$
$$-42x - 45y = -129$$

Et en réduisant $\qquad 15y = 15$; d'où $y = 1$

Il eût mieux valu éliminer y; pour cela on n'aurait eu qu'à multiplier la seconde équation par 2, sans toucher à la première.

Il est même bon d'observer que l'on n'a pas à s'occuper des termes qui doivent disparaître, et que pour les autres termes on peut les réduire en même temps qu'on effectue les multiplications. En opérant ainsi, l'élimination de y donne sur-le-champ :

$$7x = 14 \,; \text{ d'où } x = 2.$$

67. Certains problèmes conduisent à des équations dans lesquelles les inconnues ont respectivement le même dénominateur, chacune dans les deux équations (n° 91). Alors on peut faire l'élimination avant l'évanouissement des dénominateurs; ce qui abrège les calculs.

EXEMPLE III. $\qquad \begin{cases} \frac{2}{5}x + \frac{3}{8}y = 7 \\ \frac{3}{5}x + \frac{5}{8}y = 11. \end{cases}$

En multipliant la première par 3 et l'autre par 2, on a

$$\frac{6}{5}x + \frac{9}{8}y = 21$$
$$\frac{6}{5}x + \frac{10}{8}y = 22.$$

Retranchant la première de la seconde, il vient :

$$\frac{1}{8}y = 1 \,; \text{ d'où } y = 8.$$

Par suite, on a

$$\tfrac{2}{5}x + 3 = 7 \,; \ \tfrac{2}{5}x = 7 - 3 = 4 \,; \ 2x = 4 \times 5 = 20 \,; \ x = 10$$

SYSTÈME DE PLUSIEURS ÉQUATIONS EN NOMBRE ÉGAL AUX INCONNUES.

68. Soient trois équations ramenées aux formes :

$$[1] \quad \begin{cases} a\,x + b\,y + c\,z = d \\ a'x + b'y + c'z = d' \\ a''x + b''y + c''z = d'' \end{cases}$$

ÉLIMINATION par *réduction*. Pour éliminer z, on multiplie la première équation successivement par c' et c'', et les **deux** autres par c chacune; ce qui donne

$$\begin{array}{c|c} ac'x + bc'y + cc'z = dc' & ac''x + bc''y + cc''z = dc'' \\ ca'x + cb'y + cc'z = cd' & ca''x + cb''y + cc''z = cd'' \end{array}$$

Retranchant ces équations, membre à membre, on a :

$$[2] \quad \begin{aligned} (ac' - ca')x + (bc' - cb')y &= dc' - cd' \\ (ac'' - ca'')x + (bc'' - cb'')y &= dc'' - cd'' \end{aligned}$$

On a ainsi deux équations qui ne contiennent plus l'inconnue z.

Maintenant pour éliminer y, on multiplie la première équation par $(bc'' - cb'')$ et la deuxième par $(bc' - cb')$; et comme les coefficients de y deviennent alors égaux et qu'ils doivent disparaître par l'élimination, nous nous dispensons de former ce coefficient commun, en le représentant par P. Alors il vient :

$$(abc'c'' - bca'c'' - acc'b'' + c^2a'b'')x + Py = bdc'c'' - bcd'c'' - cdc'b'' + c^2d'b''.$$
$$(abc'c'' - bcc'a'' - acb'c'' + c^2b'a'')x + Py = bdc'c'' - bcc'd'' - cdb'c'' + c^2b'd''.$$

Retranchant la seconde de la première, les termes $abc'c''$ Py et $bdc'c''$ disparaissent, et les termes restants contiennent tous un facteur commun c; de sorte qu'en supprimant ce facteur, on trouve, en intervertissant l'ordre des termes :

$$[3] \quad x = \frac{db'c'' - dc'b'' + cd'b'' - bd'c'' + bc'd'' - cb'd''}{ab'c'' - ac'b'' + ca'b'' - ba'c'' + bc'a'' - cb'a''}.$$

REMARQUE. Les mêmes calculs qui ont fait trouver x, doivent donner y lorsqu'on change partout a en b, b en a; et z, quand on change a en c et c en a, sans, d'ailleurs, toucher aux accents.

On obtient ainsi immédiatement, en changeant les signes du numérateur et du dénominateur, et en intervertissant convenablement l'ordre des termes :

$$[4] \qquad y = \frac{ad'c'' - ac'd'' + ca'd'' - da'c'' + dc'a'' - cd'a''}{ab'c'' - ac'b'' + ca'b'' - ba'c'' + bc'a'' - cb'a''} \cdot$$

$$[5] \qquad z = \frac{ab'd'' - ad'b'' + da'b'' - ba'd'' + bd'a'' - db'a''}{ab'c'' - ac'b'' + ca'b'' - ba'c'' + bc'a'' - cb'a''}$$

69. L'inspection de ces formules conduit à cette règle :

1º *Pour former le dénominateur commun dans les valeurs des trois inconnues, il suffit de faire d'abord les permutations*

$$ab \qquad\qquad ba,$$

puis de mettre la lettre c successivement à toutes les places dans ces deux termes ; ce qui donne

$$abc,\ acb,\ cab, \qquad bac,\ bca,\ cba;$$

de placer un accent à chaque deuxième lettre et deux accents à la troisième, puis d'affecter les termes alternativement des signes $+$ et $-$.

2º *Pour former le numérateur de chaque valeur, il suffit de remplacer dans le dénominateur le coefficient de l'inconnue que l'on considère par le terme connu de l'équation qui contient ce coefficient.*

70. Élimination par substitution. De la 1ʳᵉ équation on tire

$$z = \frac{d - ax - by}{c}.$$

On substitue cette valeur dans les deux autres équations, ce qui donne

$$a'x + b'y + c' \times \frac{d - ax - by}{c} = d',$$

$$a''x + b''y + c'' \times \frac{d - ax - by}{c} = d''.$$

Chassant les dénominateurs et transposant, on retrouve les équ. [2]. On peut alors achever le calcul de la même manière que précédemment.

71. Élimination par *comparaison*. Des équations proposées on tire :

$$z = \frac{d - ax - by}{c}$$

$$z = \frac{d' - a'x - b'y}{c'}$$

$$z = \frac{d'' - a''x - b''y}{c''}.$$

Égalant ces valeurs deux à deux, on obtient trois équations à deux inconnues ; mais il suffit de deux de ces équations :

$$\frac{d - ax - by}{c} = \frac{d' - a'x - b'y}{c'}, \quad \frac{d - ax - by}{c} = \frac{d'' - a''x - b''y}{c''}.$$

En chassant les dénominateurs et transposant, on trouve encore les équ. [2] du n° 68.

72. Élimination par les *indéterminées*. Reprenons les équations.

$$ax + by + cz = d, \quad a'x + b'y + c'z = d', \quad a''x + b''y + c''z = d''.$$

Multiplions la première par une indéterminée n, la deuxième par une indéterminée n' ; puis ajoutons-les, et de leur somme retranchons la dernière équation. Nous aurons alors :

$$(an + a'n' - a'')x + (bn + b'n' - b'')y + (cn + c'n' - c'')z = dn + d'n' - d''.$$

Les valeurs des inconnues se déduisent successivement de cette dernière équation, lorsqu'on dispose des indéterminées de manière à faire disparaître deux inconnues à la fois. En posant $bn + b'n' - b'' = 0, cn + c'n' - c'' = 0$, il vient

$$\left. \begin{array}{l} cn + c'n' = c'' \\ bn + b'n' = b'' \end{array} \right\} \quad n = \frac{b'c'' - c'b''}{cb' - bc'}, \quad n' = \frac{cb'' - bc''}{cb' - bc'}.$$

En mettant ces valeurs dans l'expression de x, et réduisant d'' et a'' au dénominateur $cb' - bc'$, les deux termes de la fraction qui représente x auront un dénominateur commun $cb' - bc'$; on peut donc supprimer ce dénominateur, et alors on obtient :

$$x = \frac{d(b'c'' - c'b'') + d'(cb'' - bc'') - d''(cb' - bc')}{a(b'c'' - c'b'') + a'(cb'' - bc'') - a''(cb' - bc')}.$$

En effectuant les calculs on obtient la valeur de x déjà trouvée au n° 68.

73. Soient maintenant quatre équations à quatre inconnues.

$$\left. \begin{array}{l} x+5y+5z-3u=31 \\ 5x-2y+4z+\ u=22 \\ 3x+5y-\ z+2u=15 \\ 7x-\ y+6z-2u=31 \end{array} \right\} \ \ldots \ [1].$$

L'élimination par réduction doit être employée de préférence. Et pour plus de simplicité, commençons par éliminer l'inconnue qui a les plus simples coefficients, c'est-à-dire u, d'abord entre les deux premières équations, puis entre la deuxième et la troisième, puis, enfin, entre les deux dernières. Alors nous aurons :

$$\left. \begin{array}{l} 16x-\ y+17z=97 \\ 7x-7y+\ 9z=29 \\ 10x+2y+\ 5z=46 \end{array} \right\} \ \ldots \ [2].$$

Éliminons de même y entre la première de ces équations et chacune des deux autres, et nous aurons

$$\left. \begin{array}{l} 105x+110z=650 \\ 42x+\ 39z=240 \end{array} \right\} \ \ldots \ [3].$$

Éliminant x, il vient $z=4$.

Maintenant que nous connaissons la valeur d'une inconnue, il nous sera facile, en remontant aux équations précédentes, de déterminer successivement toutes les autres inconnues.

Substituons la valeur de z dans la première des équations [3], et nous aurons :

$$105x+440=650; \text{ d'où } x=2.$$

Portons les valeurs de x et de z dans l'une des équ. [2], (dans la dernière, par exemple, et nous aurons :

$$20+2y+20=46; \text{ d'où } y=3.$$

Enfin, en mettant les valeurs de x, de y et de z dans la deuxième des équ. [1], on aura

$$10-6+16+u=22; \text{ d'où } u=2.$$

74. L'exemple que nous venons de traiter montre nettement la marche que l'on doit suivre pour résoudre un nombre quelconque d'équations, pourvu qu'il y ait un égal nombre d'inconnues. Mais il n'est pas nécessaire que toutes les inconnues entrent à la fois dans chaque équation. Seulement alors il y aura moins d'éliminations à faire. Par exemple, si l'on a

$$2x+y+z=12$$
$$x+3y+5z=25$$
$$5y-6z=8,$$

on pourra considérer la dernière comme provenant de deux équations à trois inconnues chacune, entre lesquelles on aurait éliminé x. Éliminons donc aussi x entre les deux premières, et il viendra :

$$5y+9z=38.$$

En éliminant y entre celle-ci et la dernière des proposées, on trouvera $z=2$, et par suite $y=4$ et $x=3$.

Remarquons, en passant, que si nous avions commencé l'élimination par une autre inconnue que x, nous aurions eu une élimination de plus à faire. Ce qui montre que le choix des inconnues influe beaucoup sur la simplicité des calculs.

75. Il peut arriver que toutes les équations renferment un égal nombre de termes, et qu'en même temps chaque inconnue entre dans un égal nombre d'équations. Dans ce cas, l'ordre dans lequel les éliminations devront se succéder devient différent. C'est ce qui a lieu pour les deux systèmes suivants :

$x-y+z=5$	$2x+3y=37$
$x+y+u=17$	$2x-z=10$
$x+2z-4u=20$	$z+2u=14$
$2y+z-2u=27$	$2y-u=10$

Le premier système donne $x=6$, $y=10$, $z=9$, $u=1$.
Le second donne $x=8$, $y=7$, $z=6$, $u=4$.

76. Lorsque toutes les inconnues n'entrent pas dans un égal nombre d'équations, on a soin de réserver pour la fin l'équation qui renferme le moins d'inconnues, et d'éliminer toutes les inconnues, en commençant par celle qui y entre le moins. Pour exemple, prenons les équations :

$$x+y+3z-2u=8 \quad \ldots \ldots \quad [1]$$
$$x- y+ u=16 \quad \ldots \ldots \quad [2]$$
$$x- z+2u=22 \quad \ldots \ldots \quad [3]$$
$$3z+ u=20 \quad \ldots \ldots \quad [4]$$

Commençons par éliminer y qui n'entre que dans deux équations, et nous aurons

$$2x+3z-u=24.$$

Maintenant, éliminons x entre celle-ci et l'équ. [3], et nous aurons

$$5z-5u=-20 ;$$

ou bien, en divisant tous les termes par 5, et en changeant tous les signes :

$$u-z=4.$$

En éliminant u entre celle-ci et l'équ. [4], on trouvera $z=4$, et par suite $u=8$, $x=10$ et $y=2$.

77. Lorsqu'une inconnue n'entre que dans une seule équation, on pourra la laisser de côté, et résoudre toutes les autres.

Soient, par exemple, les équations :

$$3z-u+ 2t=19$$
$$10y- 3x=11$$
$$7u+13z=87$$
$$3u+14x=57$$
$$2x + 11z=50.$$

L'inconnue t entrant seulement dans la première équation, et l'inconnue y seulement dans la deuxième, nous laisserons ces équations pour le moment, et nous résoudrons les trois dernières, comme si elles faisaient un système à part. Nous aurons alors $z=4$, $x=3$ et $u=5$.

En substituant ces valeurs dans les deux premières équations, on trouvera $y=2$ et $t=6$.

78. Voici plusieurs systèmes d'équations à résoudre :

$$x+3y+3u=21 \qquad\qquad x- y+ z=15 \qquad\qquad \tfrac{1}{3}x+\tfrac{1}{4}y-\tfrac{1}{2}u=4$$
$$2x+7y-3u= 8 \qquad\qquad 2x-2y+3z=40 \qquad\qquad x-\tfrac{1}{2}y-\tfrac{1}{3}z=6$$
$$x-2y+ z= 4 \qquad\qquad y- z+ u=13 \qquad\qquad u+\tfrac{1}{8}y-\tfrac{1}{3}z=3$$
$$3y-2u+ z= 3 \qquad\qquad y+2z- u=27 \qquad\qquad u-\tfrac{1}{12}x-\tfrac{1}{6}z=2.$$

Dans le premier système, on commencera par éliminer z, et on devra trouver $x=3$, $y=2$, $u=4$, $z=5$.

Dans le deuxième on éliminera x entre les deux premières équations, u entre les deux dernières, ce qui donnera sur-le-champ deux équations en y et z; d'où l'on tirera $y=15$, $z=10$; par suite, on trouvera $x=20$, $u=8$.

Dans le troisième système on peut éliminer z avant de chasser les dénominateurs, et on devra trouver $x=12$, $y=8$, $z=6$, $u=4$.

SYSTÈMES DE CINQ ÉQUATIONS.

$$2x-3y+5z-2t=11 \qquad 7x-2z+3u=17 \qquad 3x-2y- 5z=11$$
$$x+2y+3z-3u=20 \qquad 4y-2z+2t=12 \qquad 5x+3y- 7u=47$$
$$x+3y+3t=24 \qquad 5y-3z-2u= 5 \qquad 11u-2t+ 4z= 9$$
$$x-2u+3t=10 \qquad 4y-3u+2t= 9 \qquad 8t- 5z=30$$
$$5z-3u=12 \qquad 3z+8u=33 \qquad 2x-13u=5.$$

Le premier système donne $x=6$, $y=4$, $z=3$, $t=2$, $u=1$.
Le deuxième donne $x=2$, $y=4$, $z=3$, $u=3$, $t=1$.
Le troisième donne $x=9$, $y=3$, $z=2$, $t=5$, $u=1$.

SYSTÈMES DE SIX ÉQUATIONS.

$$x+ y+ z+ u=14 \qquad\qquad 2x+2y-3z=24$$
$$2x- y+ z+ t= 6 \qquad\qquad x-2y+ u= 4$$
$$3x-2y+2z- v= 2 \qquad\qquad 3x-5z+2t=36$$
$$4x+2u+5t+2v=35 \qquad\qquad 5y+2u- t=25$$
$$5y-3u-6t+ v= 0 \qquad\qquad 2z+2t- v= 0$$
$$3z+4u+2t+2v=46 \qquad\qquad 3u+3t+2u=76.$$

Le 1ᵉʳ système donne $x=2$, $y=3$, $z=4$, $t=1$, $u=5$, $v=6$.
Le second donne $x=10$, $y=5$, $z=2$, $t=8$, $u=4$, $v=20$.

CHAPITRE III.

PROBLÈMES DU PREMIER DEGRÉ.

79. La méthode à suivre pour résoudre un problème par l'algèbre est celle-ci : *On suppose le problème résolu, on représente les nombres inconnus par les lettres x, y, z, etc., ensuite on indique, à l'aide des signes, les opérations qu'il faudrait effectuer sur les nombres connus et les inconnus pour vérifier ces derniers si leurs valeurs étaient données. Cela s'appelle mettre le problème en équation.*

EXEMPLE. *Trouver un nombre dont la moitié, le tiers et le quart réunis donnent une somme égale à 52.*

Si on me disait quel est ce nombre, voici comment je le vérifierais : je le diviserais successivement par 2, 3 et 4, j'ajouterais les quotients et je verrais si le résultat donne 52.

Supposons donc que l'on connaisse ce nombre, représentons-le par x et exprimons, à l'aide des signes, les opérations que nous venons d'indiquer ; savoir :

Divisons x par 2, 3, 4, et nous aurons $\quad \dfrac{x}{2}, \dfrac{x}{3}, \dfrac{x}{4} \dots$

Ajoutons ces quotients et il vient, $\quad \dfrac{x}{2}+\dfrac{x}{3}+\dfrac{x}{4}.$

Maintenant exprimons que cette somme doit être égale à 52,

et nous aurons . . . . $\quad \dfrac{x}{2}+\dfrac{x}{3}+\dfrac{x}{4} = 52.$

En résolvant cette équation on trouve $x = 48$.

Ainsi le nombre cherché vaut 48. Et en effet la moitié, le tiers, le quart de 48 valent respectivement 24, 16, 12, et la somme de ces trois nombres est 52.

3

Remarque. On peut se dispenser de vérifier les valeurs trou
vées pour les inconnues ; car les équations d'un problème n'é
tant que sa preuve indiquée, on sera certain que les valeur
qui satisfont à ces équations devront aussi satisfaire au problèm

Il n'y a d'exception à cela que pour le cas où l'énoncé ren
ferme des *conditions particulières* qui n'entrent point dan
les équations. C'est ce que nous verrons plus tard (n° 98).

Problèmes a une seule inconnue.

80. L'énoncé d'un problème fait connaître, soit explicitemen
soit implicitement, les conditions que les inconnues doivent rem
plir.

Problème I. *Une personne a 30 jetons dans chaqu
main. Combien doit-elle en porter de la main gauch
dans la droite pour que celle-ci en contienne quatre foi
autant que l'autre ?*

Représentons par x le nombre cherché. Lorsqu'on passe
jetons de la main gauche dans la droite, celle-ci en contiendr
$30+x$, et l'autre n'en aura plus que $30-x$. Et comme alors l
première doit en contenir quatre fois autant que l'autre, on

$$30+x=4(30-x); \text{ d'où } x=18.$$

Problème II. *Un oncle laisse, par son testament, l
tiers de son bien à sa veuve ; le quart, plus 50 fr. à so
neveu, et 150 fr. à chacune de ses trois nièces. Trouver l
bien du défunt.*

En représentant par x fr. le bien cherché, les conditions *ex
plicites* de l'énoncé serviront à former les parts respectives de
héritiers : la veuve aura $\frac{1}{3}x$, le neveu $\frac{1}{4}x+50$, et les nièces au
ront ensemble trois fois 150 ou 450.

Réunissant les parts des héritiers, on devra retrouver le bie
du défunt ; et comme ce bien est x, nous aurons évidemment

$$\tfrac{1}{3}x+(\tfrac{1}{4}x+50)+450=x ; \text{ d'où } x=1200.$$

Donc le bien du défunt est de 1200 francs.

ÉNONCÉS DE PROBLÈMES A RÉSOUDRE.

Un joueur ayant perdu d'abord 10 fr., puis la moitié de ce qui lui est resté, n'a plus que 4 fr. Combien avait-il d'abord? (R. 18 fr.)

Un enfant interrogé sur son âge, répond : dans 15 ans d'ici mon âge sera le triple de ce qu'il était l'année dernière. Trouver l'âge actuel de l'enfant. (R. 9 ans.)

Un paysan porte au marché un panier plein d'œufs, qu'il se propose de vendre 48 centimes la douzaine : en déposant son panier, il casse 7 œufs ; alors le paysan fait son compte, et trouve qu'en vendant ses œufs à 5 centimes pièce, il en retirera le même prix. Combien y avait-il d'œufs dans le panier? (R. 35.)

Le quantième d'un mois de 30 jours est égal au tiers du nombre de jours écoulés, plus la moitié de ceux qui restent a écouler. Quel est le quantième? (R. le 13.)

Si l'on triplait la somme que je possède, dit une personne, j'en donnerais 9 francs. On accomplit ce souhait 2 fois de suite, et alors la personne se trouve ne plus rien avoir. Quelle somme avait-il? (R. 4 fr.)

Dans la composition d'une certaine quantité de poudre, il fallait la moitié de tout le poids, plus 6 livres de salpêtre; le tiers moins 5 livres de soufre ; et le quart moins 3 livres de charbon. Quel est ce poids? (R. 24 liv.)

Deux courriers partent du même endroit. Le second part 10 heures après le premier et fait 7 lieues par heure, tandis que l'autre n'en fait que 3. Combien le second mettra-t-il de temps pour atteindre le premier? (R. 7 h. et demie.)

Un ouvrier, en dépensant le tiers de son salaire pour sa nourriture , le quart pour son logement et ses vêtements, le neuvième en dépenses courantes, peut économiser 275 fr. chaque année. Combien gagne-t-il par an? (R. 900 fr.)

Un nombre est tel que si on le divise par 4 et par 7, il reste chaque fois 3, et la somme des deux quotients vaut 22. Quel est ce nombre? (R. 59.)

Un marchand achète un certain nombre d'aunes d'une toile dont 18 aunes coûtent 62 fr. S'il eût acheté 6 aunes de moins et qu'il eût revendu ensuite le quart de sa toile à 12 fr. pour 9 aunes et les 3 autres quarts à 26 fr. pour 12 aunes, il aurait reçu 56 fr., un tiers de moins qu'il n'a d'abord payé. Combien a-t-il acheté d'aunes? (R. 30.)

81. Problème III. *Un gendarme à cheval poursuit un voleur qui s'enfuit sur un âne. Le voleur a 350 sauts d'avance. Le cheval fait 3 sauts par seconde et l'âne 5; mais 4 sauts du cheval en valent 9 de l'âne. Combien le gendarme mettra-t-il de temps pour atteindre le voleur?*

Supposons que le voleur soit atteint après x secondes. Pendant ce temps, le cheval aura fait $3x$ sauts et l'âne $5x$. Mais, comme l'âne avait 350 sauts d'avance, il faut que $3x$ sauts du cheval vaillent $5x+350$ sauts de l'âne.

Pour pouvoir poser l'équation, il faut évaluer les sauts du cheval en sauts de l'âne, ou réciproquement. On sait que 4 sauts du cheval en valent 9 de l'âne; donc, 1 saut du cheval vaut le quart de 9 sauts de l'âne et les $3x$ sauts du cheval vaudront, par conséquent, $3x$ fois le quart de 9 sauts de l'âne ou $\frac{9}{4} \times 3x$; nous aurons donc

$$5x+350=\tfrac{9}{4}\times 3x; \text{ d'où } x=200.$$

Donc le gendarme met 200 secondes pour atteindre le voleur.

Problème IV. *Combien faut-il ajouter d'eau de mer dont une livre contient un 6me de sel, à 36 livres d'une autre eau renfermant 12 livres de sel, pour qu'une livre du mélange ne contienne qu'un 5me de sel ?*

Soit x la quantité d'eau à ajouter; le mélange contiendra donc $36+x$ livres d'eau. Or, d'après l'énoncé, le cinquième de ce mélange doit être du sel; donc le sel du mélange est $\frac{36+x}{5}$.

D'un autre côté, l'eau qu'on ajoute doit contenir un sixième de sel; elle renferme donc $\frac{1}{6}x$ de sel. Cette quantité de sel et les 12 livres qui se trouvent déjà dans la seconde eau, donnent pour tout le sel du mélange. . . . . $12+\frac{1}{6}x$.

Nous avons donc là deux expressions qui représentent une même quantité de sel. Égalant entre elles ces expressions, il vient

$$\frac{36+x}{5}=12+\frac{x}{6}; \text{ d'où } x=144.$$

Donc la quantité d'eau à ajouter est de 144 livres.

Un maître promet à son domestique, en le prenant à son service, 200 fr. par an et un habit. Il le renvoie au bout de 10 mois, lui donne 160 fr. et lui laisse l'habit. On demande le prix de l'habit. (R. 40 fr.)

Une montre marquant midi, l'aiguille des minutes se trouve sur celle des heures. A quelle heure se fera la prochaine rencontre ? (R. 1 h. 5′ $\frac{5}{11}$.)

Un marchand achète un coupon de drap, à raison de 10 fr. l'aune ; en le mesurant, il trouve que le coupon a 1 aune de moins qu'il ne croyait, de sorte que pour gagner 5 p. 0⁄0, il est obligé de le revendre à 12 fr. l'aune. De combien d'aunes était le coupon ? (R. de 7.)

Un renard poursuivi par un levrier a 60 sauts d'avance. Il en fait 9 pendant que le levrier n'en fait que 6 ; mais 3 sauts du levrier en valent 7 du renard. Combien le levrier fera-t-il de sauts pour atteindre le renard ? (R. 72 sauts.)

Diophante, l'auteur du plus ancien livre d'algèbre qui nous reste, passa dans sa jeunesse le sixième du temps qu'il vécut, un douzième dans l'adolescence, ensuite il se maria, et passa dans cette union le septième de sa vie augmenté de 5 ans, avant d'avoir un fils auquel il survécut de 4 ans, et qui n'atteignit que la moitié de l'âge où son père est parvenu. Quel âge avait Diophante lorsqu'il mourut ?(R. 84 ans.)

Un maquignon achète un cheval qu'il revend ensuite pour 546 fr. A ce marché il gagne 4 p. 0⁄0. Trouver le prix de l'achat. (R. 525.)

On a deux sortes de vins, l'un à 2 francs et l'autre à 3 francs le litre. Combien faut-il ajouter de ce dernier vin à 30 litres du premier, pour qu'un litre du mélange coûte 3 fr. ?(R. 15.)

Une fontaine peut remplir un bassin en 12 heures, une autre en 6 heures, et une troisième en 4 heures. Si le bassin contenait 36 litres de moins, les trois fontaines coulant ensemble le rempliraient en 2 heures. Trouver la capacité du bassin. (R. 240 litres.)

A dimensions égales, le drap de Sédan ne vaut que les 6 septièmes du drap de Verviers. Si les prix de ces draps venaient à diminuer de manière que celui de Verviers coûtât 10 fr. de moins par aune, 100 aunes de drap de Sédan à 7 huitièmes coûteraient autant que 96 aunes de drap de Verviers à 5 huitièmes, avant la diminution. Quel était à cette époque le prix d'une aune de drap de Verviers à 5 huitièmes. (R. 50 fr.)

82. Problème V. *Une cuve remplie d'eau peut se vider par plusieurs robinets. On les ouvre l'un après l'autre, de manière qu'il s'écoule par le premier 5 litres d'eau et le 6me de ce qui reste; par le deuxième 10 litres et le 6me de ce qui reste; et ainsi de suite, chacun des robinets laissant écouler 5 litres de plus que le précédent et le 6me du reste, jusqu'au dernier qui laisse écouler tout le reste du liquide; alors il se trouve que tous les robinets ont versé une égale quantité d'eau chacun. Trouver la quantité d'eau contenue dans la cuve?*

Soit x la quantité d'eau de la cuve.

Le premier robinet versera donc . . . . $5 + \frac{x-5}{6}$

Alors il ne restera plus dans la cuve que $x - (5 + \frac{x-5}{6})$ ou $\frac{5x-25}{6}$ Quand le second robinet aura versé 10 litres, il ne restera plus que $\frac{5x-25}{6} - 10$ ou $\frac{5x-85}{6}$.

Le second robinet versera donc, d'après l'énoncé, $10 + \frac{1}{6}\left(\frac{5x-85}{6}\right)$.

Or cette quantité doit être égale à celle que verse le premier robinet; donc on a

$$5 + \frac{x-5}{6} = 10 + \frac{1}{6}\left(\frac{5x-85}{6}\right); \text{ d'où } x = 125.$$

La quantité d'eau contenue dans la cuve étant 125, la quantité versée par chaque robinet sera $5 + \frac{125-5}{6}$ ou 25, et le nombre des robinets sera $125 : 25$ ou 5.

Remarque. Ce problème a cela de remarquable que son énoncé renferme plus de conditions qu'il n'en faut pour le mettre en équation.

Problème VI. *Si l'on doublait là somme que je possède, dit une personne, j'en donnerais les 2 tiers plus 8 fr. On accomplit ce souhait trois fois de suite, et alors la personne se trouve ne plus rien avoir. Trouver la somme qu'elle possédait d'abord.*

Soit x la somme cherchée, en la doublant on a $2x$; et comme alors la personne en donné les 2 tiers plus 8 fr., il ne qui restera plus que le tiers de $2x$ moins 8 fr., c'est-à-dire $\frac{2x}{3} - 8$.

En doublant de nouveau cette somme, on a $\frac{4x}{3} - 16$; le tiers de cette somme, moins 8, est $\frac{4x}{9} - \frac{16}{3} - 8$; ou bien en réduisant $\frac{4x - 120}{9}$.

En doublant une troisième fois cette somme, on a $\frac{8x - 240}{9}$. Le tiers de cette somme diminué de 8 est $\frac{8x - 240}{27} - 8$.

Et comme alors il ne doit rien rester, on aura l'équation.

$$\frac{8x - 240}{27} - 8 = 0 \; ; \; \text{d'où } x = 57.$$

Un négociant emploie à des affaires commerciales tous ses fonds sur lesquels il prélève au commencement de chaque mois 90 fr. Chaque mois son fonds augmente du tiers de ce qui reste après qu'il a prélevé les 90 fr. Au bout de 3 mois, il possède une somme double de celle qu'il avait au commencement du premier mois. Combien avait-il ? (R. 1332 f.)

Chaque partie perdue prend à un joueur le 5ᵐᵉ de l'argent qu'il avait en commençant cette partie, et chaque partie gagnée lui donne le tiers de ce qu'il avait en la commençant. Une personne joue 4 parties : elle perd la 1ʳᵉ et dépense en outre 30 fr., elle gagne la 2ᵐᵉ et donne 4 fr. aux pauvres, elle perd la 3ᵐᵉ et donne 60 fr. à son domestique; enfin elle gagne la 4ᵐᵉ et paie une dette de 200 fr. Alors il lui reste les 5 sixièmes de ce qu'elle avait en entrant au jeu. Combien avait-elle ? (R. 1200 fr.)

Un professeur distribue des oranges aux cinq premiers élèves de sa classe : en donnant au 1ᵉʳ la moitié des oranges moins 4, au second la moitié du reste moins 4, et ainsi de suite au 3ᵐᵉ et au 4ᵐᵉ, il restera 10 oranges pour le 5ᵐᵉ élève. Trouver le nombre d'oranges. (R. 40.)

Un dissipateur prête toute sa fortune à 4 p. %; 2 ans après il en retire le quart, et laisse le reste pendant 7 mois; après ce temps il prend encore le quart du reste et laisse son capital ainsi diminué pendant 13 mois, après lesquels il retire tout ce qui lui en reste; dans l'espace de ces 44 mois, il n'avait pas moins retiré de 24573 fr. d'intérêt. Quel était ce capital ? (R. 200000 fr.)

Un tonneau renferme 320 litres d'un vin dont on ignore le prix. On en tire le quart qu'on remplace par une égale quantité d'eau. Du mélange on tire de nouveau le quart qu'on remplace par de l'eau. On répète cette opération une 3ᵐᵉ fois et alors un litre de ce dernier mélange coûte 27 sous. Quel est le prix d'un litre de vin ? (R. 64 s.)

PROBLÈMES A PLUSIEURS INCONNUES RÉSOLUBLES A L'AIDE D'UNE SEULE INCONNUE.

83. Quand un problème renferme plusieurs inconnues liées entre elles de telle manière que, l'une d'elles étant connue, on peut en déduire toutes les autres immédiatement par des opérations très simples, par une addition, une soustraction, etc., il convient de n'employer qu'une seule inconnue : par là on abrégera beaucoup les calculs.

PROBLÈME VII. *Partager* 30 *en deux parties, telles que la moitié de l'une soit égale au tiers de l'autre.*

Si on connaissait l'une des parties, en la retranchant de 30, on aurait l'autre partie.

Soit donc x l'une des parties, l'autre pourra être représentée par $30-x$; et nous aurons, d'après l'énoncé

$$\frac{x}{2} = \frac{30-x}{3}; \text{ d'où } x = 12.$$

L'une des parties étant 12, l'autre sera 30—12 ou 18.

REMARQUE. Des questions très différentes par leur énoncé sont souvent au fond les mêmes. Le problème proposé, par exemple, revient au même que celui-ci :

Trouver deux nombres dont la somme égale 30 *et dont la moitié de l'un soit égale au tiers de l'autre.*

84. **PROBLÈME VIII.** *La différence de deux nombres est* 10, *et leur quotient* 3. *Trouver ces nombres.*

Soit x le plus petit des nombres cherchés, le plus grand pourra être représenté par $x+10$, et leur quotient s'indiquera $\frac{x+10}{x}$. Or, ce quotient vaut 3; donc on a

$$\frac{x+10}{x} = 3; \text{ d'où } x = 5.$$

Le plus petit nombre étant 5, le plus grand sera 5+10 ou 15.

N. B. On aurait pu prendre x pour le plus grand nombre; alors le plus petit eût été représenté par $x-10$.

Remarque. Ce problème est le même que celui-ci : *trouver un nombre qui en contienne un autre 3 fois et qui le surpasse de 10.* D'après cet énoncé, si on représentait le plus petit nombre par x, le plus grand serait $3x$, et on aurait $3x - x = 10$; d'où l'on tire $x = 5$; comme précédemment. Si, au contraire, ou avait pris x pour le plus grand nombre, alors le plus petit eût été $\frac{x}{3}$, et l'on aurait eu $x - \frac{x}{3} = 10$; d'où $x = 15$.

On voit, d'après cela, qu'un même problème peut être traduit algébriquement de diverses manières.

Une personne distribue 240 fr. à 20 pauvres : elle donne 6 fr. par tête aux hommes et 16 fr. par tête aux femmes. Trouver le nombre des uns et des autres. (R. 8 h. et 12 f.)

Il y a 75 fr. dans deux bourses; en portant 5 fr. de la seconde dans la 1re celle-ci contiendra le double de l'autre. Combien chaque bourse contient-elle? (R. La 1re 45 fr. et l'autre 30 fr.)

Il y a 5 ans l'âge d'un père était le triple de celui de son fils et dans 10 ans il n'en sera plus que le double. Trouver les âges actuels de l'un et de l'autre. (R. 50 et 20.)

Le frère et la sœur ont ensemble 75 fr., sur lesquels ils dépensent 35 fr. et il se trouve que le frère dépense la moitié de ce qu'il avait et la sœur le tiers. Combien avaient-ils chacun ? (R. 60 et 15.)

Partager 60 en deux parties telles que l'une d'elles surpasse autant 30 que l'autre est au-dessous de 30. (R. 46 et 14.)

Deux coupons d'un même drap coûtent respectivement 45 fr. et 60 fr. Si le prix de l'aune diminuait de 1 fr., le second coupon coûterait 12 fr. de plus que le premier. Trouver le nombre d'aunes de chaque coupon et le prix de l'aune. (R. 5 fr. Le 1er 9 aunes et le 2e 12.)

Deux joueurs ayant l'un 40 fr. et l'autre 56 fr. se mettent à jouer 4 fr. la partie. En sortant du jeu, le premier joueur dit à l'autre : Si j'avais gagné 3 parties de plus, tu n'aurais plus alors que la moitié de la somme que je posséderais. Combien le premier joueur a-t-il gagné de parties ? (R. 3.)

Un père fait 15 lieues tandis que son fils n'en fait que 9 , et le père fait en 6 h. 3 lieues de plus que n'en peut faire le fils en 8 h. Combien de lieues le font-ils par heure chacun? (R. Le p. 2 $\frac{1}{2}$ et le f. 1 $\frac{1}{2}$.)

3.

85. PROBLÈME IX. *Une personne charitable rencontre des pauvres, et veut donner 5 sous à chacun ; mais il lui manque pour cela 3 sous. Alors elle ne donne que 4 sous à chaque pauvre, et il lui reste 3 sous. Trouver le nombre des pauvres et la somme distribuée?*

Si nous connaissions le nombre des pauvres, nous trouverions la somme distribuée de deux manières : 1^0 en répétant 4 sous autant de fois qu'il y a de pauvres et en ajoutant 3 sous au résultat ; 2^0 en répétant 5 sous autant de fois qu'il y a de pauvres et retranchant 3 sous du résultat.

Soit donc x le nombre des pauvres ; alors la somme distribuée pourra être représentée par $4x+3$ ou bien par $5x-3$. Or ces deux expressions représentent une même quantité ; on a donc

$$4x+3=5x-3 \; ; \; \text{d'où } x=6.$$

Le nombre des pauvres étant 6, la somme distribuée sera $4\times6+3$ ou 27 sous.

86. PROBLÈME X. *Les sommes réunies de quatre bourses font 38 fr. En mettant 5 fr. dans la première, en ôtant 4 fr. de la deuxième, en triplant la somme de la troisième, et en prenant la moitié de la quatrième, les bourses contiendront une égale somme chacune. Combien y a-t-il dans chaque bourse ?*

Désignons par x la quantité que contiendra chaque bourse après qu'on aura effectué les opérations indiquées dans l'énoncé du problême. Avant ces opérations, la première bourse contenait donc $x-5$, la deuxième $x+4$, la troisième $\frac{x}{3}$ et la quatrième $2x$. Or ces sommes réunies font 38 fr. Donc on a

$$\left(x-5\right)+\left(x+4\right)+\frac{x}{3}+2x=38; \; \text{d'où } x=9.$$

La première bourse contient donc $9-5$ ou 4 fr., la deuxième $9+4$ ou 13, la troisième $9:3$ ou 3, et la quatrième 2×9 ou 18.

87. Si quelques-uns des problèmes suivants présentaient des difficultés, on pourrait les résoudre à l'aide de plusieurs inconnues.

Si mon père était mort il y a 12 ans, il aurait été marié le tiers de sa vie; mais s'il a le bonheur de vivre encore 8 ans, il aura été marié pendant les 4 septièmes de son âge. Quel âge a mon père et depuis quand est-il marié? (R. 48 ans et depuis 24 ans.)

Un maître voulant distribuer des oranges à ses élèves, leur dit : Si j'en donne 5 à chacun, il me restera le quart de mes oranges. Mais si j'en donnais 7 par tête, deux d'entre vous n'en auraient point. Trouver le nombre d'oranges et le nombre d'élèves. (R. 42 et 280.)

Il y a de l'eau dans deux vases : on verse le tiers de l'eau du 1er vase dans le second, puis le tiers de l'eau que contient alors le second dans le 1er. Alors les deux vases contiennent 60 litres d'eau chacun. Combien y en avait-il d'abord dans chaque vase ? (Le 1er 45 et l'autre 75.)

Un homme en mourant laisse sa femme enceinte. Il ordonne par son testament que sa fortune qui se monte 11250 fr. soit partagée entre la mère et l'enfant qui naîtra, de la manière suivante. Si c'est un garçon, il aura le double de la part de sa mère plus 2500 fr. Si c'est une fille, elle aura les 3 quarts de la part de sa mère moins 625 fr. La mère accouche de deux jumeaux, un garçon et une fille. Comment faire le partage? (2500 fr. à la m. 7500 au g. et 1250 à la f.)

Partager 36 en trois parties, telles que la plus petite soit le 5me de la somme des deux autres, et la moitié de leur différence. (6, 9, 21.)

Trois hommes emploient tout ce qu'ils ont d'argent sur eux pour acquitter une dette qu'ils ont faite en commun. Il manque au premier 8 fr. pour payer les 2 tiers de la dépense, au second 4 fr. pour en payer les 4 cinquièmes, au troisième 17 fr. pour en payer les 5 sixièmes. Combien ont-ils chacun et quelle est la dépense ? (30 fr. ; le 1er 12, le 2e 10, le 3e 8.)

On a trois bourses : la 1re et la 2e réunies donnent 56, la 2e et la 3e 72 et la 1re avec la 3e 86. Combien y a-t-il dans chaque bourse ? (30, 42, 56.)

Deux voyageurs se mettent en route chacun avec une certaine somme d'argent. Arrivés dans un bois ils sont rencontrés par des voleurs qui prennent au 1er le tiers de ce que possède le 2e, et à celui-ci le quart de ce qui reste à l'autre; en sorte que le 2e n'a plus que les 3 quarts de ce qui reste au 1er. A l'issue de la forêt ils rencontrent de nouveau des voleurs ; mais ceux-ci n'ayant pris que 2 fr. au 1er voyageur et 31 au second, ce dernier n'a plus alors que la moitié de ce qui reste à l'autre. Combien avaient-ils en partant? (120, 150.)

PROBLÈMES A PLUSIEURS INCONNUES DISTINCTES.

88. Lorsqu'un problème renferme plusieurs inconnues dont on ne reconnaît pas tout d'abord la liaison, il faut représenter chaque inconnue par une lettre différente, et former autant d'équations que peuvent en donner les conditions de l'énoncé.

89. PROBLÈME XI. *Un fermier conduit deux voitures au marché. L'une contient* 30 *mesures de seigle et* 10 *d'orge; l'autre* 20 *mesures de seigle et* 15 *d'orge. Il vend la première voiture* 270 *fr. et l'autre* 230 *fr. Combien coûte une mesure de seigle et une d'orge?*

Soit x le prix d'une mesure de seigle, et y celui d'une mesure d'orge. Alors la première voiture, qui contient 30 mesures de seigle et 10 d'orge, vaudra $30\,x + 10\,y$; et comme elle a été vendue 270 fr., on aura. . . . . $30x+10y=270.$

On a de même pour la 2e voiture. . . . $20x+15y=230.$

On peut simplifier ces équations, en divisant tous les termes de la première par 10, et ceux de la deuxième par 5. Alors il vient

$$3x+\ y=27$$
$$4x+3y=46.$$

Éliminant y, on aura $x=7$; et en substituant, on trouve $y=6$.

90. PROBLÈME XII. *En ajoutant* 36 *à un nombre composé de deux chiffres, on obtient ce nombre renversé. En le divisant par* 6, *on obtient le chiffre des unités. Quel est le nombre qui jouit de cette propriété?*

Soit x la valeur absolue du chiffre des dizaines, et y celle du chiffre des unités :

Le nombre proposé vaut donc . . . x *dizaines* $+$ y *unités;*
ou ce qui revient au même . . . . $(10x+y)$ *unités.*
Le nombre renversé vaut . . . . . y *dizaines* $+$ x *unités;*
ou ce qui est la même chose . . . . . . $(10y+x)$ *unités.*

Nous aurons donc, d'après l'énoncé,

$$10x+y+36=10y+x \left.\right\} \quad 9x-9y=-36 \left.\right\} \quad x-y=-4$$
$$\frac{10x+y}{6}=y; \qquad \text{ou} \quad 10x-5y=0; \qquad \text{ou} \quad 2x-y=0.$$

De là on tire $x=4$, $y=8$. Le nombre demandé est donc 48. En effet $48+36=84$ et $48:6=8$.

Problème XIII. *Un domestique reçoit, sur ses gages, 130 fr. et un pantalon au bout de 5 mois. A la fin de l'an on lui donne 175 fr. et un habit. Trouver les prix de l'habit et du pantalon.*

Soit x le prix de l'habit et y celui du pantalon.

Les gages des cinq premiers mois sont. . . . . $130+y$;

Les gages des sept derniers mois. . . . . . . $175+x$;

Donc les gages d'un an sont. . . . . $305+x+y$.

En prenant le cinquième de la première quantité, le septième de la seconde, et le douzième de la troisième, on aura trois expressions différentes qui représentent chacune les gages d'un mois. On pourra donc égaler ces expressions entre elles, deux à deux, et alors il viendra

$$\frac{130+y}{5}=\frac{175+x}{7}, \qquad \frac{130+y}{5}=\frac{305+x+y}{12}.$$

En résolvant ces équations on trouve $x=35$, $y=20$.

Problème XIV. *Trouver une fraction qui se réduise à 2 ou à 6, suivant qu'on retranche 2 ou 6 de chacun de ses termes.*

Désignons par x le numérateur, et par y le dénominateur de la fraction cherchée. Nous devons avoir

$$\frac{x-2}{y-2}=2 \text{ et } \frac{x-6}{y-6}=6.$$

En résolvant ces équations, on trouve $x=12$, $y=7$. Donc la fraction demandée est $\frac{12}{7}$.

91. **Problème XV.** *On a deux lingots d'alliage : une once du premier lingot contient 1 tiers d'argent et 2 tiers de cuivre; une once du deuxième lingot a 3 huitièmes d'argent et 5 huitièmes de cuivre. Combien faut-il prendre de chaque lingot pour former un alliage contenant 6 onces d'argent et 11 de cuivre ?*

Supposons qu'il faille prendre x onces du premier lingot et y onces du second;

le premier lingot fournira donc $\frac{1}{3}x$ d'argent $+\frac{2}{3}x$ de cuivre;

le deuxième lingot fournira. . . $\frac{3}{8}y$ d'argent $+\frac{5}{8}y$ de cuivre.

Mais les quantités d'argent fournies par les deux lingots devant faire 6 onces, et les quantités de cuivre, 11 onces, on aura

$$\frac{1}{3}x+\frac{3}{8}y= 6$$
$$\frac{2}{3}x+\frac{5}{8}y=11.$$

Comme ici les inconnues ont respectivement le même dénominateur dans les deux équations, il est inutile de chasser les dénominateurs. Il suffira de rendre égaux les numérateurs de l'inconnue, qu'on veut éliminer.

Multiplions la première par 2, puis retranchons-en la seconde, on obtient sur-le-champ $\frac{1}{8}y=1$; d'où $y=8$, et par suite $x=9$.

Remarque. Le problème proposé a été présenté sous sa plus simple forme. On aurait pu l'énoncer ainsi : *On a deux lingots d'alliage : dans le premier, sur 3 onces, il y en a 1 d'argent et 2 de cuivre; dans le second, sur 8 onces, il y en a 3 d'argent et 5 de cuivre. Combien faut-il prendre de chaque lingot pour former un alliage qui sur 17 onces en contienne 6 d'argent et 11 de cuivre?*

On aurait pu demander pareillement : *Combien faut-il prendre de chaque lingot pour former un alliage dont 1 once contienne 6 dix-septièmes d'argent et 11 dix-septièmes de cuivre?*

Le testament d'un oncle porte que chacun de ses neveux aura 280 fr. et chacune de ses nièces 210 sur la somme de 2520 fr. Par cette disposition il ne reste rien. Si au contraire chaque nièce eût u 280 fr. et chaque neveu 210 fr. il serait resté 140 fr. Combien y a-t-il de neveux et de nièces ? (R. 6 et 4.)

Quels sont les biens de deux personnes ? On sait que si elles perdaient chacune 20 fr., la première aurait deux fois autant que la seconde ; et si elles recevaient chacune 10 fr., la seconde aurait les 2 tiers du bien de la première. (R. 80 et 50.)

Un enfant a des jetons dans les deux mains. S'il en porte 10 de la main droite dans la gauche, celle-ci contiendra le triple de l'autre; mais s'il porte le cinquième des jetons de la main gauche dans la droite, il y en aura un nombre égal dans chacune. Combien chaque main a-t-elle de jetons? (R. 30 et 50.)

Deux joueurs conviennent que celui qui perdra doublera l'argent de l'autre. Ayant perdu chacun une partie, ils sortent du jeu avec 24 fr. Combien avaient-ils chacun en entrant au jeu ? (R. 18 et 30.)

Un nombre de deux chiffres est tel que si on triple le chiffre des dizaines et qu'on divise le chiffre des unités par 4, le nombre qui en résultera surpassera de 9 le premier nombre renversé. Si au contraire, on double le chiffre des dizaines et qu'on prenne la moitié du chiffre des unités, le nombre résultant sera moindre de 19 que le premier nombre renversé. Trouver le nombre qui jouit de cette propriété. (R. 38.)

Partager 285 en trois parties qui soient entre elles comme les nombres 3, 5 et 11. (R. 45, 76, 175.)

On distribue 97 fr. à des pauvres, hommes, femmes et enfants. Les hommes reçoivent 6 fr. chacun, les femmes 5 fr. et les enfants 4 fr. Le nombre des enfants est double de celui des hommes moins 2. Touver le nombre des uns et des autres. (5, 7, 8.)

Un écolier met ses livres en loterie : en faisant un certain nombre de billets à 5 fr. le billet, il en retirerait juste le prix que ses livres lui ont coûté. Mais les livres n'étant plus neufs, il se voit forcé de mettre les billets à 4 fr., et de cette manière il perd 20 fr. sur le prix de ses livres. Trouver le prix et le nombre de billets. (R. 100 fr. 10 b.)

Trouver une fraction telle qu'en ajoutant 3 à ses deux termes, elle se réduise à $\frac{6}{7}$; et en retranchant 3 de chacun de ses termes, elle se reduise à $\frac{5}{4}$. (R. $\frac{9}{11}$.)

92. Problème XVI. *Trois joueurs conviennent qu'après chaque partie les deux perdants donneront au gagnant chacun la moitié de l'argent que ce gagnant avait en commençant cette partie. Chaque joueur ayant gagné une partie, sort du jeu avec 60 fr. Quelle somme avaient-ils chacun en entrant au jeu?*

Soient x, y, z, les sommes respectives du premier, du deuxième et du troisième joueurs. D'après l'énoncé, les joueurs auront

Après la 1re partie.	Après la 2e partie.	Après la 3e partie.
1er gagnant, $2x$	$2x-\frac{1}{2}\left(y-\frac{x}{2}\right)$ $=\frac{9x-2y}{4}$	$\frac{9x-2y}{4}-\frac{1}{2}\left(\frac{4z-x-2y}{4}\right)$ $=\frac{19x-2y-4z}{8}$ . . [1]
2e gagnant, $y-\frac{x}{2}$	$2y-x$	$2y-x-\frac{1}{2}\left(\frac{4z-x-2y}{4}\right)$ $=\frac{18y-7x-4z}{8}$ . . [2]
3e gagnant, $z-\frac{x}{2}$	$z-\frac{x}{2}-\frac{1}{2}\left(y-\frac{x}{2}\right)$ $=\frac{4z-x-2y}{4}$	$\frac{4z-x-2y}{2}$ . . . . . [3]

En égalant les expressions [1], [2] et [3] à 64, on aura, en chassant les dénominateurs,

$$19x-2y-4z=512$$
$$18y-7x-4z=512$$
$$4z-x-2y=128.$$

De là on tire $x=50$, $y=65$, $z=77$.

ÉNONCÉS DE PROBLÈMES A RÉSOUDRE.

93. Un fossé reçoit de l'eau par trois écluses. En ouvrant les deux premières pendant 70 heures, le fossé est rempli ; en ouvrant les deux dernières pendant le même temps, le fossé ne sera rempli qu'à moitié ; enfin si l'on ouvrait la première écluse avec la troisième, le fossé serait rempli au bout de 84 heures. On demande combien il faudrait de temps : 1° à chaque écluse pour remplir seule le fossé, 2° aux trois écluses à la fois ? (R. 1re 105 heures ; 2e 210 ; 3e 420 ; aux trois 60.)

Un général, voulant attaquer une place forte avec un des trois bataillons qu'il commande, promet une récompense de 901 louis, qui sera distribuée comme il suit : chaque soldat du bataillon qui attaquera recevra un louis, et le reste sera partagé également entre les soldats des deux autres bataillons. Or, suivant que l'attaque est faite par le premier, ou par le deuxième, ou par le troisième bataillon, les soldats des deux autres reçoivent chacun un demi, un tiers ou un quart de louis. Combien y a-t-il de soldats dans chaque bataillon ?

Ce problème réduit à sa plus simple expression devient :

Trouver trois nombres tels que le premier plus la moitié des deux autres, le second, plus le tiers des deux autres, le troisième, plus le quart des deux autres donnent trois sommes égales chacuns à 901. (R. 265, 583, 689.)

On a trois lingots d'alliage. Le premier contient 5 onces d'or, 15 d'argent et 30 de cuivre ; le second contient 20 onces d'or, 28 d'argent, 48 de cuivre ; le troisième a 12 onces d'or, 39 d'argent et 24 de cuivre. Combien faut-il prendre de chaque lingot pour en former un quatrième qui contienne 10 onces d'or, 23 d'argent et 26 de cuivre ? (R. 10 onces du premier, 24 du deuxième et 25 du troisième.)

Trois écoliers A, B, C, devant se partager également 24 oranges, se querellent, et chacun prend de ces oranges ce qu'il peut attraper. Leur querelle finie, A donne à B et à C autant d'oranges que ce que chacun des deux en a ; B en fait autant à A et à C, et C en fait autant à A et à B. Après cette opération, chacun a réellement le même nombre d'oranges. Combien en avaient-ils pris chacun? (R. le premier 13, le deuxième 7 et le troisième 4.)

Huit bœufs ont mangé en 7 semaines l'herbe d'un pré de 4 arpents et celle qui a crû pendant ce temps. 9 bœufs ont mangé en 8 semaines l'herbe d'un pré de 5 arpents et celle qui a crû dans l'intervalle. Combien faudrait-il de bœufs pour manger en 12 semaines l'herbe d'un pré de 6 arpents et celle qui croîtra pendant ce temps? (R. 8.)

On a trois vases contenant chacun de l'eau. On prend du premier le tiers de son eau pour le verser dans le second; ensuite on prend du deuxième le tiers de l'eau qu'il renferme actuellement pour le verser dans le troisième; puis on prend le quart de ce qui reste dans le deuxième pour le verser dans le premier. Cette opération terminée, chaque vase renfermera 30 litres d'eau. Combien en contenaient-ils d'abord? (R. 4, 10, 60.)

Une personne distribue une certaine somme à des pauvres, hommes et femmes : elle donne 4 sous à chacun et alors il ne lui reste plus rien. Si elle voulait donner 5 sous par tête aux hommes et 2 sous aux femmes, il lui manquerait 1 sou; si, au contraire, elle donnait 2 sous aux hommes et 5 aux femmes, il lui resterait 8 sous. Trouver le nombre des hommes, celui des femmes et la somme distribuée. (R. 5 h. 2 f. 28 s.)

Quand mon père s'est marié, il avait juste la moitié de son âge actuel. Si sa femme était morte 5 ans plus tôt, le temps de son mariage eût été égal à celui de son veuvage. La même chose serait arrivée s'il se fût marié 10 ans plus tôt. Trouver l'âge de mon père, le temps de son veuvage et celui de son mariage. (R. 60, 10, 20.)

CHAPITRE IV.

CAS D'IMPOSSIBILITÉ DANS LES ÉQUATIONS.

94. Lorsqu'on pose des équations, on ne sait pas *a priori* s'il existe des nombres propres à les vérifier.

95. Lorsqu'en traitant des équations d'après les règles que nous avons exposées au chapitre II, on arrive à des valeurs finies, on sera certain que ces équations peuvent être satisfaites, qu'elles peuvent l'être par les valeurs trouvées, et qu'elles ne sauraient l'être autrement.

Lors donc qu'on applique ces mêmes règles à des équations qui ne se vérifient point, on ne devra pas trouver de valeur finie, mais quelque indice qui accuse cette impossibilité.

Soit, par exemple, l'équation

$$\frac{3x-8}{6} = \frac{x}{2} + 1.$$

Après avoir chassé les dénominateurs et transposé les termes, on trouve, réductions faites,

$$0 = 14.$$

Cette expression est évidemment absurde ; et comme elle est une conséquence de l'équation proposée, on en conclut que cette équation est pareillement absurde, c'est-à-dire *impossible*.

L'absurdité peut du reste être rendue sensible sur l'équation même; car en effectuant la division indiquée dans le premier membre, il vient

$$\frac{x}{2} - \frac{4}{3} = \frac{x}{2} + 1.$$

Et dès lors on voit clairement que les deux membres ne pourront jamais devenir égaux, quelque valeur que l'on donne à x

96. Considérons maintenant deux équations

$$\frac{x}{4} + \frac{y}{3} = 5.$$

$$\frac{3x}{8} - \frac{y}{3} = \frac{5x}{q} - 4.$$

En ajoutant ces équations, membre à membre, on a

$$\frac{x}{4} + \frac{3x}{8} = 5 + \frac{5x}{8} - 4; \quad \text{d'où l'on tire } 0 = 1.$$

Ici on est encore conduit à une absurdité, d'où l'on conclut qu'il n'existe pas des valeurs de x et de y qui conviennent aux deux équations à la fois; et pour cette raison on dit qu'elles sont *contradictoires* ou *incompatibles*.

Nous aurions été avertis de l'incompatibilité de ces équations, si, avant l'élimination de y, nous avions chassé les dénominateurs, transposé et réduit; car alors nous aurions trouvé

$$3x + 4y = 60$$
$$3x + 4y = 48$$

et dès lors il est évident qu'elles n'ont point de solution commune, attendu que les deux premiers membres sont identiquement les mêmes, tandis que les seconds sont différents en valeurs.

97. En général, lorsqu'en traitant plusieurs équations (toujours en nombre égal aux inconnues), on arrive à une absurdité

$o=a$, on en conclura que l'ensemble de ces équations est impossible. L'impossibilité peut alors tenir à plusieurs causes : il suffit qu'une équation soit incompatible avec une autre sans l'être avec toutes; ou bien qu'une équation soit incompatible avec l'ensemble de deux ou de plusieurs autres, sans l'être avec aucune d'elles séparément.

Pour éclaircir ces considérations, prenons un exemple :

$$x + y - z = 5 \quad \ldots \quad [1]$$
$$2x + 3y + 2z = 22 \quad \ldots \quad [2]$$
$$3x + 4y + z = 30 \quad \ldots \quad [3].$$

L'élimination de z donne :

$$4x + 5y = 32$$
$$4x + 5y = 35.$$

Ces deux équations étant imcompatibles, on doit en conclure qu'il en est de même des trois proposées. Effectivement, l'équ. [3] est incompatible avec l'ensemble des deux premières ; car, en ajoutant celles-ci, membre à membre, on obtient

$$3x + 4y + z = 27.$$

Dès lors l'incompatibilité est évidente.

CAS D'IMPOSSIBILITÉ DANS LES PROBLÈMES.

98. Les cas d'impossibilité que nous avons considérés dans le paragraphe précédent sont bien les seuls qui puissent se rencontrer dans les équations; mais dans les problèmes il peut y en avoir beaucoup d'autres. En effet, l'énoncé d'un problème peut imposer aux inconnues des conditions particulières qu'il est impossible de traduire en langage algébrique, et alors les valeurs que donnent ces équations peuvent fort bien ne pas remplir toutes ces conditions.

Pour nous faire mieux comprendre, prenons un exemple.

99. Problème. *Neuf personnes, hommes et femmes dépensent d francs à un diner. Les hommes paient 5 fr par tête et les femmes 3 fr. Trouver le nombre des uns e des autres.*

Soit x le nombre des hommes; alors celui des femmes ser $9-x$, et il viendra

$$5x+3\,(9-x)=d, \text{ d'où } x=\frac{d-27}{2}.$$

1° Si l'on fait $d=32$, la formule donnera $x=\frac{5}{2}$. Ainsi pou répondre à la question, il faudrait dire qu'il y a 5 *demi-hom mes;* ce qui est absurde.

2° Lorsqu'on fait $d=49$, on trouve $x=11$. Mais ce résulta ne convient pas à la question proposée, attendu que sur 9 con vives, il ne peut y avoir 11 hommes.

3° Lorsqu'on fait $d=23$, la formule donne $x=-2$; et alor il faudrait dire que le nombre des hommes est -2, ce qu n'offre absolument aucun sens.

Le problème proposé est donc impossible dans les trois hypo thèses que nous avons faites sur la valeur de d; c'est ce qu'on pouvait prévoir d'ailleurs; car les convives étant au nombre de 9, dont les uns paient 5 fr. et les autres 3 fr., il est évident que la dépense totale d ne saurait jamais dépasser 9 fois 5 ou 45 fr., ni être moindre que 9 fois 3 ou 27 fr. On pouvait prévoir en outre que cette dépense ne saurait être un nombre pair 32.

Les valeurs $x=\frac{3}{2}$, $x=11$, $x=-2$ satisfont bien à l'équation proposée, mais elles ne conviennent pas au problème, parce que l'énoncé repousse toute valeur de x qui ne satisfait pas à la triple condition d'être un nombre *entier, positif* et *plus pe tit* que 9.

Remarquons cependant que l'impossibilité n'est pas absolue, et qu'on peut changer l'énoncé en un autre qui ne renfermera plus aucune des restrictions mentionnées ci-dessus, et qui, après cette modification, se vérifiera par les valeurs de x déjà trou vées.

100. Pour que la valeur $x=\frac{2}{2}$ satisfasse à la question, on n'a qu'à faire exprimer à l'inconnue une espèce d'unité qui puisse être représentée par un nombre fractionnaire; c'est à quoi l'on parvient en prenant pour inconnue la quote-part d'un convive dans la dépense totale. Nous modifierons donc ainsi l'énoncé :

5 hommes et 3 femmes dépensent 32 fr. à un diner. La dépense d'un homme et celle d'une femme réunies font 9 fr. Trouver combien chaque convive dépense en particulier. (R. les uns 2 fr. et demi, les autres 6 fr. et demi.)

On conçoit qu'une modification du genre de celle que nous venons d'opérer est tout à fait gratuite. Mais celles qui nous restent à faire pour les cas de $x=11$ et de $x=-2$, seront plus importantes, parce qu'elles porteront sur l'équation même.

101. L'hypothèse $d=49$ donne :

$$5x+3(9-x)=49; \text{ d'où } x=11.$$

Nous savons déjà que le problème, dans l'état actuel de son énoncé, n'admet point cette valeur, parce qu'elle est trop grande. Mais remarquons que l'on peut, dans cette équation, remplacer le terme $+3(9-x)$ par son équivalent $-3(x-9)$; ce qui donne

$$5x-3(x-9)=49.$$

Ici on voit clairement qu'une valeur plus grande que 9 peut convenir à x, et qu'elle résoudra le problème traduit par cette dernière équation, dont l'énoncé peut être le suivant :

Plusieurs personnes, hommes et femmes, font une dépense en commun. Les hommes paient 5 fr. par tête et les femmes 3 fr. Le nombre des hommes surpasse de 9 celui des femmes, et la dépense totale des premiers surpasse de 49 fr. celle des dernières.

INTERPRÉTATION DES VALEURS NÉGATIVES.

102. PROBLÈME I. *Deux courriers partent en même temps de deux villes A et B, et se dirigent dans le même sens vers la ville C, éloignée de la première de 40 lieues et de la seconde de 20 lieues On demande en quel point de la route les courriers se joindront, sachant que le premier fait 5 lieues par heure et l'autre 3 lieues.*

Le courrier qui part du point A, allant plus vite que l'autre finira nécessairement par atteindre celui-ci. Mais la rencontre peut avoir lieu au point C, ou en-deçà, ou au-delà. Aucune de ces circonstances n'étant déterminée par l'énoncé de la question, nous sommes forcés d'apporter à cet énoncé trop vague une restriction qui le rende susceptible d'être mis en équation.

Nous supposerons que la rencontre se fasse en un point X situé *en-deçà* de C ; et nous ferons $\qquad$ $CX = x$.

Le chemin fait par le 1er courrier sera $\qquad$ $AX = 40 - x$

Le chemin parcouru par le second $\qquad$ $BX = 20 - x$

Le temps mis par le premier sera donc $\qquad$ $\frac{1}{5}(40 - x)$ heures.

Le temps mis par le second $\qquad$ $\frac{1}{3}(20 - x)$ heures.

Puisque les courriers sont partis en même temps, on a

[1] $\qquad \frac{1}{5}(40 - x) = \frac{1}{3}(20 - x)$

D'où $\qquad 120 - 3x = 100 - 5x$

$$5x - 3x = 100 - 120$$

$$2x = -20$$

$$x = -10.$$

Ce résultat nous apprend que la rencontre n'a lieu ni au point X ni au point C ; car, dans, le premier cas, on aurait trouvé une valeur positive, et dans le second cas, $n \times x = o$. Il faut donc que la jonction se fasse en un point X′ situé au-delà de C. Alors en faisant $CX' = x$, on aura à résoudre cette équation :

[2] $\qquad \frac{1}{5}(40 + x) = \frac{1}{3}(20 + x).$

On entrevoit, dès à présent, la solution sans qu'il soit nécessaire de faire aucun calcul nouveau. En effet, cette dernière
équation n'est autre chose que l'équ. [1], dans laquelle on aurait changé le signe de x. Si donc on résolvait l'équ. [2], on
devrait retrouver la même série d'équations que plus haut, avec
cette seule différence que les termes qui contiennent x auraient
partout des signes contraires. La dernière de ces équations devrait donc être $-x=-10$, ou $x=10$. Ainsi *la jonction se
fait au-delà du point C, à la distance de* 10 *lieues.*

103. Problème II. *De quel même nombre x faut-il
augmenter les deux termes de la fraction $\frac{5}{7}$, pour qu'elle
se réduise à $\frac{2}{3}$?* On a

$$[1] \ . \ . \ . \ . \ \frac{5+x}{7+x} = \frac{2}{3}.$$

D'où
$$15+3x=14+2x$$
$$3x-2x=14-15$$
$$x=-1.$$

Comme ici la valeur négative ne provient pas d'une supposition erronée, attendu que l'équ. [1] est la traduction immédiate de l'énoncé du problème, on doit en conclure que ce problème est impossible dans le sens précis de son énoncé. Et, en
effet, puisque la fraction $\frac{5}{7}$ est plus petite que l'unité, si l'on
ajoute une même quantité à ses deux termes, elle devient plus
grande (Arithm.). Elle ne pourra donc jamais devenir égale à
$\frac{2}{3}$, car cette dernière fraction qui vaut $\frac{14}{21}$ est plus petite que $\frac{5}{7}$
qui vaut $\frac{15}{21}$.

Mais ce raisonnement conduit à penser que l'impossibilité
pourrait fort bien n'être pas absolue. En effet, posons

$$[2] \ . \ . \ . \ . \ \frac{5-x}{7-x} = \frac{2}{3}.$$

Dès lors il est évident que nous devrons retrouver la même
valeur de x que ci-dessus, mais avec un signe contraire, c'est-à-
dire $x=1$. Ainsi, *en diminuant de* 1 *les deux termes de la
fraction $\frac{5}{7}$, on la réduit à $\frac{2}{3}$.*

4

104. Problème III. *Si une femme était morte 15 an[s] plus tôt, elle eût été mariée pendant les 3 quarts de s[a] vie ; et si elle avait vécu 10 ans de plus, elle eût été ma[riée] pendant le tiers de sa vie. Quel âge avait-elle quan[d] elle mourut ?*

Soit x l'âge demandé ; 15 ans plus tôt, la femme avait $x-1[5]$ ans et était mariée depuis $\frac{3}{4}(x-15)$ ans. Donc à sa mort ell[e] avait $\frac{3}{4}(x-15)+15$ ans de mariage.

Maintenant, si elle eût vécu 10 ans de plus, son âge eût ét[é] $x+10$ et le temps de son mariage $\frac{1}{3}(x+10)$; donc à sa mor[t] elle n'avait que $\frac{1}{3}(x+10)-10$ années de mariage. Et comme c[e] temps est déjà exprimé par $\frac{3}{4}(x-15)+15$, on a

$$[1] \qquad \frac{3}{4}(x-15)+15=\frac{1}{3}(x+10)-10.$$

En résolvant on trouve $x=-31$. Cette solution ne provien[t] point d'une supposition erronée ; par conséquent, elle accuse une contradiction dans l'énoncé même du problème. Mais ici l'inconnue ne saurait être envisagée sous une acception différente de celle qu'on lui attribue dans l'énoncé. Donc, pour trouver la rectification de l'énoncé il faut d'abord changer x en $-x$ dans l'équation ; ce qui donne

$$\frac{3}{4}(-x-15)+15\tfrac{1}{3}=(-x+10)-10.$$

Cette équation n'étant point susceptible d'une traduction immédiate, il faut changer les signes de tous ses termes ; ce qui donne

$$\frac{3}{4}(x+15)-15=\frac{1}{3}(x-10)+10.$$

On remarque que cette dernière équation ne diffère de l'équ[ation] [1], qu'en ce que les quantités 15 et 10 ont changé de signes.

Donc, pour avoir le problème résolu par la valeur trouvée, mais prise positivement, il suffit de donner, dans l'énoncé primitif, des acceptions contraires aux quantités 15 et 10, et de dire par conséquent : *Si une femme était morte 15 ans plus tard* (au lieu de *plus tôt*), *elle eût été mariée pendant les 3 quarts de sa vie ; si elle eût vécu 10 ans de moins* (au lieu *le plus*), *elle eût été mariée pendant le tiers de sa vie. Quel âge avait-elle quand elle mourut?* (R. 31 ans.)

105. En résumé, lorsqu'un problème dont l'énoncé ne renferme aucune condition impossible conduit à une valeur négative pour une inconnue, cette valeur ne peut provenir que d'une supposition erronée qu'on a faite en posant l'équation. Par là on est averti que l'inconnue doit être envisagée sous une acception contraire à celle qu'on lui avait d'abord attribuée ; c'est-à-dire qu'elle devient une *perte*, un temps *passé*, une distance *à droite* d'un point, suivant qu'elle représentait d'abord un *gain*, un temps *futur* ou une distance à *gauche* d'un point ; et alors la valeur trouvée, abstraction faite de son signe, donne toujours la solution du problème (102).

Réciproquement, lorsqu'une solution négative ne provient pas d'une supposition erronée, elle accuse quelque condition impossible dans l'énoncé du problème ; mais, en même temps, elle montre que pour faire cesser toute impossibilité, on n'a qu'à changer les acceptions de certaines quantités qui entrent dans la question : tantôt c'est l'inconnue qui change d'acception (103), tantôt ce sont quelques quantités données (104).

ÉNONCÉ DE PROBLÈMES A RÉSOUDRE.

Un père a actuellement 30 ans et son fils 10 ans. Il arrive dans leur vie une époque à laquelle l'âge du père est le quintuple de celui du fils. Quelle est cette époque ? (R. L'époque demandée est passée depuis 5 ans.)

Deux joueurs ayant l'un 190 fr. et l'autre 50 fr. entrent au jeu ; et, après un certain nombre de parties gagnées et perdues, le premier joueur possède une somme triple de celle du second. Lequel des deux a gagné ? (R. Le deuxième joueur a gagné 10 fr.)

Un courrier est expédié vers une ville, à 38 lieues de là. Il fait 5 lieues et demie par heure ; et, après avoir marché pendant 3 h. et demie, il s'arrête et demande s'il doit avancer ou reculer pour être à moitié chemin. (R. Il doit reculer d'un quart de lieue.)

107. Trouver les biens de deux personnes : on sait que si elles gagnaient chacune 200 fr. le bien de la première serait double de celui de la deuxième, et si la première perdait 50 fr. et que l'autre gagnât 100, leurs fortunes deviendraient égales. (R. 100 et —50. Ainsi la première personne a 100 fr. de bien et l'autre 50 fr. de dette.)

Un marchand achète pour 800 fr. de vin et pour 20 fr. de bière ; en revendant le tout, il gagne 70 fr. Une autre fois, il achète pour 5,000 fr. de vin et pour 400 fr. de bière. En revendant le tout au même prix que la première fois, il fait un bénéfice de 480 fr. On demande combien le marchand gagne p. % sur le vin, et combien sur la bière ? (R. 10 et —5. Ainsi il gagne 10 p. % sur le vin et perd 5 p. % sur la bière.)

Un rentier dépense régulièrement la même somme par jour, et les jours fériés il vit un peu mieux qu'à l'ordinaire. Au bout de 30 jours, sur lesquels il y avait 4 jours fériés il avait économisé 166 fr. Combien économise-t-il les jours fériés et combien les autres jours ? (R.—2 et 4.) Ainsi les jours fériés il dépense 2 fr. de plus que son revenu.)

En 1809 l'âge d'un père était 4 fois celui de son fils, et en 1813 il n'en était plus que le triple. Quel âge avaient le père et le fils en 1800 ? (R. 23 et —1. Ainsi en 1800 le fils n'était pas encore né ; il ne vint au monde que l'année d'après, c'est-à-dire en 1801.)

Une cuve reçoit l'eau par deux robinets ; en les ouvrant, l'un 12 minutes et l'autre pendant 7, la cuve contient 46 litres d'eau ; si le premier est ouvert pendant 8 minutes et l'autre pendant 5 minutes, la cuve contient 30 litres. Combien chaque robinet verse-t-il d'eau par minute ? (R. 5 et —2. Ainsi il faut modifier l'énoncé en disant : *une cuve reçoit l'eau par un robinet et la perd par un autre*, etc.)

Un ouvrier a été employé pendant 10 journées qui lui ont été payées, les unes à raison de 40 sous et les autres à 25 sous, et il a reçu en tout 21 fr. 10 sous. Combien a-t-il eu de journées à 40 sous et combien à 25 ? (R. 12 et —2.)
Les valeurs 12 et 2 résolvent le problème suivant :
Un ouvrier reçoit 40 sous par jour de travail et les jours de repos on lui retient 25 sous pour sa nourriture. S'étant reposé 10 jours de moins qu'il n'en a travaillé, il reçoit en tout 21 fr. 10 sous. Trouver les jours de travail et ceux de repos.

106. Proposons-nous maintenant cette question :

Deux courriers partent en même temps de deux villes A et B, et se dirigent dans le même sens vers la ville C, éloignée de la première de 40 lieues et de l'autre de 20 lieues. On demande en quel point de la route les courriers se joindront, sachant que le premier fait 3 lieues par heure et l'autre 5.

$$X \ldots\ldots\ldots\ldots A \qquad B \qquad C$$

Le courrier qui part du point *B* allant plus vite que l'autre ne pourra jamais être atteint par ce dernier. Le problème est donc impossible.

Mais admettons que cette remarque ait échappé, et supposons que la jonction se fasse en un point situé en-deçà de *C*. En désignant par x la distance de ce point à *C*, et raisonnant comme au n° **102**, on aura

$$\tfrac{1}{3}(40-x)=\tfrac{1}{5}(20-x); \text{ d'où l'on tire } x=70.$$

D'après ce résultat, la rencontre aurait lieu en-deçà de *C*, à la distance de 70 lieues ; c'est-à-dire en un point *X* situé en-deçà de la ville *A*. Cette valeur de x ne peut donc satisfaire à la question proposée, lorsqu'on exige que la direction des courriers soit de *A* vers *C*.

Remarquons cependant que cette même valeur donnerait la solution du problème proposé, si on modifiait son énoncé de manière à laisser *indéterminé* le sens du mouvement des courriers.

Mais une autre modification est possible. La voici :

Deux courriers sont en marche depuis un temps indéfini sur une même route, qu'ils parcourent dans le même sens vers C. Quand le courrier qui fait 5 lieues par heure se trouve à 20 lieues de C, l'autre qui fait 3 lieues à l'heure se trouve à 40 lieues de C. Trouver en quel point de la route les courriers étaient ensemble.

CAS D'INDÉTERMINATION DANS LES ÉQUATIONS DU PREMIE DEGRÉ.

107. Par l'évanouissement des dénominations l'équation

$$\frac{x+1}{2} + \frac{5-x}{6} = 1 + \frac{x+1}{3},$$

devient $3x+3+5-x=6+2x+2$

$$3x-x-2x=6+2-3-5,$$
$$0=0.$$

De là on conclut que l'inconnue n'a point de valeur déterminée dans l'équation proposée, mais qu'on peut prendre pour x tel nombre qu'on voudra, entier ou fractionnaire, positif ou négatif. On dit alors que l'équation est *indéterminée*.

108. Considérons maintenant deux équations :

$$[1] \quad \cdots \quad \frac{y}{3} + \frac{x}{4} - 3 = 1 ;$$

$$[2] \quad \cdots \quad \frac{y}{3} - \frac{3x}{8} + 3 = 7 - \frac{5x}{8}.$$

Retranchant la seconde équation de la première, on a

$$\frac{x}{4} + \frac{3x}{8} - 6 = -6 + \frac{5x}{8} ; \quad \text{d'où l'on tire } 0 = 0.$$

De là on conclut que les équations proposées sont *indéterminées*, c'est à-dire qu'on peut y satisfaire d'une infinité de manières. Pour rendre ceci manifeste sur les équations mêmes, on n'a qu'à chasser les dénominateurs et transposer les termes ; car alors elles deviennent toutes deux $3x+4y=48$; ce qui prouve que les équations proposées ne sont différentes qu'en apparence ; par conséquent toutes les valeurs de x et de y qui satisfont à l'une d'elles, satisfont nécessairement à l'autre.

109. Dans les problèmes qui donnent lieu à des équations indéterminées, le nombre des solutions est ordinairement limité par la nature de l'énoncé.

PROBLÈME. *Trouver un nombre composé de deux chiffres, tel que la différence des chiffres soit 3, et tel encore que la différence entre le nombre demandé et ce nombre renversé soit 27 ?*

En représentant par x le plus grand chiffre, et par y le plus petit; on a

$$x-y=3 \quad \text{et} \quad 10x+y-(10y+x)=27.$$

La seconde équation devient $10x+y-10y-x=27$, ou $9x-9y=27$, ou encore $x-y=3$: elle rentre donc dans la première. C'est donc comme si l'on n'avait qu'une seule équation entre deux inconnues.

On aura par conséquent plusieurs solutions. Mais la nature de la question exige que les valeurs des inconnues soient des nombres positifs, entiers et plus petits que 10.

Pour satisfaire à toutes ces conditions, on ne pourra prendre que l'une des valeurs $\qquad x=3, 4, 5, 6, 7, 8, 9,$
ce qui donnera respectivement $\qquad y=0, 1, 2, 3, 4, 5, 6.$

Ainsi le problème proposé peut être satisfait de sept manières différentes, savoir, par les nombres 30, 41, 52, 63, 74, 85, 96.

Trouver un nombre composé de 2 chiffres, tel que si l'on en retranche 45, on ait le nombre renversé, et tel encore que la différence des chiffres soit 5. (R. 50, 61, 72, 83, 94.)

Trouver 5 nombres consécutifs, dont le moyen soit égal au quart de la somme des quatre autres. (R. On peut prendre cinq nombres consécutifs quelconques.)

Trouver un nombre dont la moitié, les 2 tiers, les 3 quarts et le 12e réunis forment une somme égale au double de ce nombre. (R. Tout nombre jouit de cette propriété.)

Trouver les biens de 4 personnes. On sait que la 1re possède 10 fr. de plus que la 3e; que la 2e possède 10 fr. de plus que la 1re; que la 4e a 6 fois autant que la 3e, plus 55 fr.; que si l'on réunit le triple du bien de la 1re, le quadruple de la 2e et le quintuple de la 3e, on aura le double du bien de la 4e personne. (R. Indéterminé.)

DISCUSSION DES ÉQUATIONS DU PREMIER DEGRÉ.

110. *Discuter* une équation ou un problème, c'est interpréter les particularités remarquables auxquelles on arrive lorsqu'on assigne toutes les valeurs possibles aux lettres qui entrent dans la formule d'une équation ou d'un problème.

111. Par l'évanouissement des dénominateurs et la transposition des termes, une équation littérale du premier degré à une inconnue peut toujours se ramener à la forme :

$$Ax = B.$$

A et B étant des expressions composées uniquement de quantités données ; la valeur générale de x est

$$x = \frac{B}{A}.$$

1° Si, pour une certaine hypothèse faite sur les lettres, l'équation proposée devient *impossible*, je dis que la formule se présentera sous la forme $x = \frac{m}{0}$.

En effet, pour que l'équation soit impossible, il faut que x disparaisse et que les deux membres renferment des quantités inégales. Or, cela n'arrive qu'en tant que A devient nul et B égal à une quantité m différente de zéro.

RÉCIPROQUEMENT, si l'on introduit d'abord dans la formule l'hypothèse qui lui donne la forme $x = \frac{m}{0}$; je dis que, pour cette même hypothèse, l'équation est rendue impossible ; car alors elle se réduit à

$$0 \times x = m,$$

et aucun nombre mis à la place de x ne saurait rendre les deux membres égaux.

2° Lorsque l'équation proposée est *indéterminée*, sa formule prendra toujours la forme $x = \frac{0}{0}$.

En effet, soient a et b deux valeurs de x, on aura

$$Aa = B \quad \text{et} \quad Ab = B ;$$

d'où, en retranchant, membre à membre, $Aa - Ab = 0$ ou

$$A(a - b) = 0.$$

Or, pour qu'un produit soit nul, il faut que l'un des facteurs soit nul ; mais par hypothèse $a - b$ n'est pas nul ; il faut donc que $A = 0$.

D'un autre côté, on a $Aa = B$; mais A devenant nul, ou aura aussi $B = 0$.

RÉCIPROQUEMENT, lorsque la formule devient $x = \frac{0}{0}$, l'équation proposée est indéterminée, car alors elle se réduit à $0 \times x = 0$, et pourra être satisfaite d'une infinité de manière.

REMARQUE. Cette réciproque n'est pas toujours vraie. Il peut arriver, par exemple, que pour rendre une formule plus élégante ou plus commode à calculer, on lui fasse subir certaines transformations de façon à introduire au numérateur et au dénominateur un facteur commun qui devient nul pour une certaine hypothèse. Dans ce cas, la formule devient nécessairement $x = \frac{0}{0}$, sans que l'équation soit indéterminée.

Pour exemple, prenons l'équation $(4 + ax)(4 - ax) = (8 - x)x$. Par des règles que nous exposerons au chapitre VII, on déduit de cette équation

$$x = \frac{4(a-1)}{a^2 - 1}.$$

En supposant $a = 1$, il vient $x = \frac{0}{0}$; et cependant l'équation n'est pas indéterminée ; car elle devient $(4 + x)(4 - x) = (8 - x)x$ et ne se vérifie que par la seule valeur $x = 2$.

Cela provient de ce que les deux termes de la fraction ont un facteur commun

$$a - 1.$$

Si, avant de faire aucune hypothèse, on supprime ce facteur, la formule devient

$$x = \frac{4}{a + 1} ;$$

et alors en faisant $a = 1$, on trouve $x = 2$.

4.

113. Prenons maintenant deux équations à deux inconnue[s]

$$[1] \quad ax+by=c, \qquad [2] \quad a'x+b'y=c'.$$

Les valeurs générales des inconnues sont

$$x=\frac{cb'-bc'}{ab'-ba'}, \qquad\qquad y=\frac{ac'-ca'}{ab'-ba'}.$$

1° Lorsque l'on fait $ab'-ba'=0$, sans qu'aucun des num[é]rateurs soit nul, les formules prendront la forme $\frac{m}{0}$, et alors l[es] équations proposées seront incompatibles.

En effet, $ab'-ba'=0$ donne $b'=\frac{b\,a'}{a}$. Si l'on substitue cet[te] valeur dans l'équation [2], on aura

$$a'x+\frac{ba'y}{a}=c', \quad \text{d'où} \quad ax+by=\frac{c'a}{a'} \ \ldots\ldots\ [3]$$

Or pour que cette dernière pût coexister avec l'équation [1], il faudrait qu'on eut $c=\frac{c'a}{a'}$ ou $ac'-ca'=0$, ce qui est contr[aire à] l'hypothèse.

2° Supposons $ab'-ba'=0$ et $cb'-bc'=0$. On en tire

$$\frac{a}{a'}=\frac{b}{b'}=\frac{c}{c'};$$

ce qui donne $ac'-ca'=0$. D'où l'on voit que *lorsque l'une des valeurs devient indéterminée, l'autre le devien[t] aussi.*

Les équations sont donc indéterminées; car, on peut remplacer l'équation [1] par l'équation [3], et celle-ci devient, par notre hypothèse, $0\times x=0$; et dès-lors on voit que x peut recevoir toutes les valeurs imaginables, et que pour chaque valeur de x, l'équation [1] donne une valeur correspondante de y.

N. B. Dans cette discussion, nous avons supposé tacitement qu'aucun des coefficients a, b, a', b' n'était *zéro*. Autrement les conséquences auxquelles nous avons été conduits ne seraient pas toujours vraies. Par exemple :

1º Si $a=0$, $a'=0$ et $cb'-bc'=0$, les valeurs des inconnues se présentent sous la forme $\frac{0}{0}$; et cependant les équations donnent pour y une valeur *déterminée* : $y = \frac{b}{c} = \frac{b'}{c'}$.

2º Si $a=0$, $b=0$, $a'=0$, $b'=0$, les valeurs des inconnues se présentent encore sous la forme $\frac{0}{0}$; et cependant alors les équations sont incompatibles; car elles deviennent $0=c$, $0=c'$.

113. On voit par ce qui précède, que le symbole $\frac{0}{0}$ n'annonce pas toujours une indétermination, mais bien l'insuffisance des formules. Cette remarque s'étend à un nombre quelconque d'équations,

Pour exemple, prenons les deux groupes d'équations

$$
\begin{array}{l|l}
x+9y+6z=16 & 11x- 8y+ 6z=49 \\
2x+3y+2z=7 & 5x-12y+ 9z=16 \\
3x+6y+4z=13 & 4x-20y+15z=15.
\end{array}
$$

Dans chacun de ces groupes, les formules générales donneraient

$$x = \tfrac{0}{0}, \ y = \tfrac{0}{0} \text{ et } z = \tfrac{0}{0}.$$

Cependant en opérant directement sur les équations, on trouvera, dans le premier système

$$x = 1, \ y = \tfrac{0}{0}, \quad z = \tfrac{0}{0},$$

et dans le second

$$x = 5, \ y = \frac{m}{0}, \text{ et } z = \frac{m}{0}.$$

Effectivement, en prenant $x=1$, dans le premier système, et $x=5$ dans le second, il viendra

$$
\begin{array}{l|l}
3y+2z=5 & 4y-3z=3 \\
3y+2z=5 & 4y-3z=3 \\
3y+2z=5 & 4y-3z=1.
\end{array}
$$

D'où l'on voit que les inconnues y et z sont indéterminées dans le premier groupe, et que le second est impossible.

INTERPRÉTATION DES SYMBOLES.

$$\frac{0}{m}, \quad \frac{m}{0}, \quad \frac{0}{0}.$$

114. Considérons l'équation et la formule

$$[1] \quad \ldots \quad \ldots \quad \frac{a+x}{b+x}=c; \quad \text{d'où } x=\frac{cb-a}{1-c}.$$

1⁰ Supposons qu'on ait $cb=a$ et $1>c$; alors, en posant $1-c=m$, la formule deviendra

$$x=\frac{0}{m}.$$

Pour interpréter cette expression, multiplions chaque membre par m; alors nous aurons $mx=0$. Or, pour que le produit $m\times x$ soit nul, il faut que l'un des facteurs soit nul; mais m n'est pas nul, donc x doit être nul. Ainsi $\frac{0}{m}$ *équivaut à zéro*. Et en effet, le diviseur m restant le même, si le dividende devient de plus en plus petit, tel que 1, $\frac{1}{10}$, $\frac{1}{100}$, etc., le quotient deviendra lui-même de plus en plus petit; si donc le dividende devient le plus petit possible ou zéro, le quotient $\frac{0}{m}$ sera lui-même le plus petit possible ou *zéro*.

On peut du reste rendre ceci évident sur l'équation même; car de ce qu'on suppose $cb=a$, on aura $c=\frac{a}{b}$, et en remplaçant cette valeur dans l'équation [1], il vient

$$\frac{a+x}{b+x}=\frac{a}{b};$$

et dès lors il est clair que cette équation ne peut être satisfaite que par la valeur $x=0$. Car on démontre en arithmétique, qu'une fraction $\frac{a}{b}$ différente de l'unité ne peut rester égale à elle-même lorsqu'on augmente ses deux termes d'un même nombre.

2⁰ Supposons qu'on ait $c=1$ et $b>a$; alors, en posant $cb-a=m$, l'équation et la formule deviendront

$$[2] \quad \ldots \quad \ldots \quad \frac{a+x}{b+x}=1; \qquad x=\frac{m}{0}.$$

Le dividende m restant le même, plus le diviseur devient petit, plus le quotient devient grand; en sorte que l'on ne saurait concevoir aucune quantité, quelque grande qu'elle soit, qu'on ne puisse encore surpasser en prenant un diviseur assez petit. Lors donc que le diviseur est le plus petit possible ou zéro, le quotient sera le plus grand possible, c'est-à-dire plus grand que toute quantité imaginable. En sorte que l'expression $\frac{m}{0}$ est le symbole d'une quantité *infiniment grande*.

Ainsi, il n'existe aucune valeur de x assez grande pour satis-faire à l'équation [2]; ce qui équivaut à dire que cette équation est impossible. Et en effet, puisque la fraction $\frac{a}{b}$ est différente de 1, en ajoutant un même nombre à ses deux termes, il y aura toujours la même différence entre le numérateur et le dénomi-nateur; leur rapport ne pourra donc jamais devenir égal à 1.

Mais d'un autre côté on remarque que la fraction $\frac{a}{b}$, étant plus petite que l'unité, va constamment en augmentant à mesure que le nombre qu'on ajoute aux deux termes augmente lui-même. Lors donc que le nombre ajouté est très grand, la frac-tion se rapproche tellement près de l'unité, que l'on peut négliger la différence sans commettre une erreur sensible.

N. B. On représente une quantité infinie par le signe ∞.

3° Supposons en même temps $c=1$ et $b=a$. Il vient

$$x = \frac{0}{0}.$$

D'après la définition de la division, le quotient multiplié par le diviseur doit reproduire le dividende : or quelque nombre que l'on prenne pour le quotient, en le multipliant par le di-viseur zéro, on reproduira toujours le dividende zéro. Ainsi zéro divisé par zéro représente une quantité *indéterminée*.

Ainsi, on peut prendre pour x tel nombre qu'on voudra. On peut rendre ceci sensible sur l'équation même ; car l'hypothèse de $c=1$ et $b=a$ donne

$$\frac{a+x}{a+x} = 1.$$

et cette équation peut être satisfaite d'une infinité de manières,

DISCUSSION DU PROBLÈME DES COURRIERS.

115. Deux courriers éloignés l'un de l'autre de d *lieu* *suivent la même route et vont dans le même sens.* *premier fait* v *lieues par heure et l'autre* v' *lieues.* *demande après quel nombre* x *d'heures de marche* *second courrier sera en arrière du premier de* d' *lieu*.

L'équation du problème est évidemment

$$d + vx - v'x = d'\ ;\ \text{d'où}\ \ x = \frac{d'-d}{v-v'}.$$

I. 1° Le numérateur et le dénominateur de la formule sero tous deux positifs lorsqu'on a à la fois $d' > d$ et $v > v'$.

Alors la valeur de x est positive, et le problème possible. en effet, le premier courrier allant plus vite que le second, s' éloignera à mesure qu'ils marcheront l'un et l'autre : il arrive donc un moment où la distance d qui les séparait d'abord au augmenté jusqu'à devenir d'.

2° Le numérateur et le dénominateur seront tous deux n gatifs, lorsqu'on a à la fois $d' < d$ et $v < v'$.

La valeur de x sera encore positive et le problème possibl En effet, le second courrier allant plus vite que le premier s' rapprochera pendant la marche; il arrivera donc un mome où la distance d aura diminué jusqu'à devenir d'.

II. Si l'on a à la fois $d' = d$ et $v = v'$, la formule devient $x =$ Dans ce cas, le problème sera possible quelque valeur qu'o donne à x. En effet, $v = v'$ montre que les courriers vont ég lement vite; donc la distance qui les séparait d'abord reste toujours la même et donnera $d = d'$ quelque temps qu'ils mai chent.

III. Si $d = d'$ et $v > v'$ ou $v < v'$, en posant $v - v' = m$, o aura

$$x = \pm \frac{0}{m}.$$

La valeur de x est donc nulle dans ce cas. Et, en effet, puisque les courriers vont inégalement vite, à mesure qu'ils marcheront la distance qui les séparait d'abord variera; donc il faut qu'ils ne marchent pas pour que d reste égal à d'.

IV. Lorsqu'on a à la fois $d'>d$ et $v<v'$, le numérateur sera positif et le dénominateur négatif. La valeur de x sera donc négative et le problème impossible. En effet, le second courrier allant plus vite que le premier, s'en rapprochera continuellement; la distance d qui les séparait d'abord, loin de pouvoir augmenter jusqu'à devenir d', diminuera au contraire. La valeur négative, prise positivement, résout le problème qui résulte du proposé quand on y considère x sous une acception contraire. L'énoncé de ce nouveau problème sera donc : *Depuis quel nombre x d'heures de marche le second courrier était-il en arrière du premier de d' lieues.*

N.B. La même chose arriverait si l'on avait à la fois $d'<d$ et $v>v'$.

V. Si $v=v'$ et $d'>d$ ou $d'<d$, en faisant $d'-d=m$, la formule deviendra $x=\pm\frac{m}{0}$. Dans ce cas, le problème est absolument impossible. En effet, les courriers marchant également vite, seront toujours également distants l'un de l'autre; par conséquent, la distance d ne peut varier et devenir d'.

CHAPITRE V.

INÉGALITÉS ET ANALYSE INDÉTERMINÉE
DU PREMIER DEGRÉ.

⎯•◆•⎯

116. Lorsqu'une quantité a est *plus grande* qu'une autre quantité b, on l'indique en écrivant $a > b$.

Si a était *plus petit* que b, il faudrait renverser le signe et écrire $a < b$.

117. Voici quelques axiomes relatifs aux inégalités.

Une inégalité subsistera toujours et dans le même sens. 1º *Lorsqu'on augmente ou qu'on diminue ses deux membres d'une même quantité;* 2º *lorsqu'on multiplie ou qu'on divise ses deux membres par une même quantité positive.*

En vertu d'une convention du nº 5, on a $-3 < -2$.

D'un autre côté, on a aussi . . . . . . $3 > 2$. Ainsi

Lorsqu'on change les signes des deux membres d'une inégalité, il faut renverser le signe d'inégalité.

Lorsqu'on ajoute, membre à membre, deux inégalités établies dans le même sens, l'inégalité résultante subsistera dans le même sens.

N B. Il n'en serait pas toujours de même si l'on retranchait, membre à membre, deux inégalités l'une de l'autre.

118. A l'aide de ces principes, on résoudra facilement les problèmes suivants.

PROBLÈME I. *Trouver un nombre x tel que son tiers diminué de 3, soit plus grand que son 5e augmenté de 5.*

On a $$\frac{x}{3}-3>\frac{x}{5}+5.$$

En chassant les dénominateurs, il vient successivement
$$5x-45>3x+75$$
$$5x-3x>75+45$$
$$2x>120$$
$$x>60.$$

Ainsi, tout nombre plus grand que 60 satisfait aux conditions de la question proposée.

119. **PROBLÈME II.** *Partager 30 en deux parties entières telles que le triple de la plus petite surpasse le double de la plus grande.*

Soit x la plus petite partie; la plus grande sera $30-x$. On aura donc les inégalités simultanées
$$x<30-x \quad \text{et} \quad 3x>2(30-x).$$

La 1re donne $x+x<30$, $2x<30$; d'où $x<15$.

La 2me $3x>60-2x$, $3x+2x>60$, $5x>60$; $x>12$.

Ainsi $x=13$ ou 14, et la plus grande partie $=17$ ou 16.

120. **PROBLÈME III.** *Trouver un nombre compris entre 42 et 60, tel que la différence des chiffres soit plus grande que 2 et plus petite que 6.*

En représentant par x le chiffre des dixaines et par y celui des unités, on aura
$$10x+y>42 \qquad 10x+y<60$$
$$x-y>2 \qquad x-y<6.$$

Ajoutant les deux 1res inégalités, on a $11x>44$; d'où $x>4$.

Ajoutant les deux autres, on a $11x<66$; d'où $x<6$.

Il faut donc qu'on ait . . . . $x=5$.

Par suite $5-y>2$, $-y>2-5$, $-y>-3$; $y<3$.
$$5-y<6 \quad -y<6-5 , \quad -y<1 \quad y>-1.$$

On peut donc avoir $y=0,1,2$.

Ainsi la question proposée admet trois solutions: 50, 51, 52.

121. THÉORÈME. *La somme des numérateurs de plu sieurs fractions divisée par la somme des dénominateur donne un quotient dont la valeur est comprise entre l plus petite fraction et la plus grande.* Les numérateur peuvent avoir des signes quelconques, mais les dénominateur doivent être tous positifs. En effet, que l'on ait

$$q=\frac{a}{b}; \quad \frac{a}{b}<\frac{a'}{b'}<\frac{a''}{b''}<\frac{A}{B}. \quad \frac{A}{B}=Q.$$

On tire de là successivement :

$$bq=a; \; b'q<a'; \; b''q<a''; \; Bq<A \quad A=BQ; a''<b''Q; a'<b'Q; a<b$$
$$(b+b'+b''+B)q<a+a'+a''+A \quad A+a''+a'+a<(B+b''+b'+b')$$

$$q<\frac{a+a'+a''+A}{b+b'+b''+B} \quad \Big| \quad \frac{A+a''+a'+a}{B+b''+b'+b}<Q.$$

Ces deux dernières inégalités démontrent le principe énonc

Décomposer 20 en deux parties entières telles que leur différence so plus grande que 2 et plus petite que 6. (R. 12 et 8.)

Quel même nombre faut-il ajouter à 10 et à 4 pour que le double de l première somme soit comprise entre le triple et le quadruple de la seconde (R. 7.)

Quel même nombre x faut-il ajouter à 25 et à 15 pour que le double d la première somme soit compris entre le triple et le quadruple de la seconde (R. $x < 5$ et $x > 10$. Comme ces deux conditions ne peuvent être ren plies à la fois, on en conclut que le problème est impossible.)

Décomposer 36 en deux parties entières telles que leur quotient soit com pris entre 7 et 19. (R. 2 et 34, ou 3 et 33, ou 4 et 32)

Une personne distribue 69 fr. à plus de 16 pauvres, et donne 3 fr. pa tête aux hommes et 6 fr. aux femmes. Alors celles-ci reçoivent en tout pl que les hommes. Trouver le nombre des uns et des autres ? (R. 6 femmes 11 hommes.)

Un oncle veut partager 2000 fr. entre ses 3 neveux et ses 2 nièces, d manière qu'en donnant 30 fr. de plus à un garçon qu'à une fille, il reste a moins 100 fr. pour les pauvres et que le legs total des neveux surpasse to au plus de 332 fr. celui des nièces. Comment faire le partage ? (R. 392 à u neveu, 362 à une nièce, 100 fr. aux pauvres.)

ANALYSE INDÉTERMINÉE DU PREMIER DEGRÉ.

122. Lorsqu'on a moins d'équations que d'inconnues : par exemple trois équations et cinq inconnues x, y, z, u, v; en donnant des valeurs arbitraires à u et v, les trois équations détermineront des valeurs correspondantes pour x, y, z. Si l'on change les valeurs de u et v, on obtient un autre système de valeurs pour x, y, z; de telle sorte que les équations proposées admettent une infinité de solutions.

Mais souvent la nature d'une question exige que les valeurs des inconnues soient des nombres entiers. La recherche de ces solutions entières fait l'objet de l'*analyse indéterminée*.

123. Considérons d'abord une équation du premier degré à deux inconnues, ramenée à la forme

$$a\,x + by = c,$$

a, b, c étant des nombres entiers, positifs ou négatifs, qui n'ont pas de diviseur commun.

Pour que cette équation admette des solutions entières, il faut et il suffit que les coefficients des inconnues soient des nombres premiers entre eux.

En effet, 1^0 Si a et b avaient un facteur commun d qui ne divisât point c; en supposant $a = a'd$, $b = b'd$, l'équation proposée deviendrait $a'dx + b'dy = c$; et en divisant les deux membres par d,

$$a'x + b'y = \frac{c}{d}.$$

Le second membre de cette équation étant un nombre fractionnaire, il doit en être de même du premier. Mais a' et b' sont entiers, par hypothèse; il faut donc qu'il y ait au moins une inconnue qui soit fractionnaire. Par conséquent cette équation ne saurait être satisfaite par des valeurs entières des inconnues.

2º Supposons maintenant a et b premiers entre eux dans l'équation

$$[1]. \ . \ . \ \ ax + by = c.$$

Si le coefficient d'une inconnue, de x par exemple, était égal à l'unité, l'équ. [1] donnerait $x = c - by$; et alors tout nombre entier mis à la place de y, donnerait une valeur entière correspondante de x.

Si a et b sont différents de l'unité, divisons le plus grand coefficient b par le plus petit a, nommons q le quotient, r le reste et nous aurons

$$b = aq + r; \quad ax + (aq + r)y = c; \ \ \text{d'où} \ x = -qy + \frac{c - ry}{a}.$$

Ici on voit que si l'on peut donner à y une valeur entière telle que $c - ry$ devienne divisible exactement par a, il en résultera aussi une valeur entière pour x. Le quotient de $c - ry$ par a étant désigné par une nouvelle indéterminée z ; nous aurons $c - ry = az$; d'où

$$[2]. \ . \ . \ \ ry + az = c;$$

et la question est réduite à chercher si cette dernière équation peut se vérifier par des valeurs entières de y et de z. Cela serait évident, si r était égal à l'unité.

Si r n'est pas égal à 1, on a $r > 1$ et $r < a$. Alors, en divisant a par r, nommant q' le quotient entier et r' le reste, il vient

$$a = rq' + r', \quad ry + (rq' + r')z = c; \ \ \text{d'où} \ y = -q'z + \frac{c - r'z}{r}.$$

Si z peut recevoir une valeur entière propre à rendre $c - r'z$ divisible par r, il en résultera aussi une valeur entière pour y. En désignant par z' le quotient de $c - r'z$ par r, il vient $c - r'z = rz'$; d'où

$$[3]. \ . \ . \ \ r'z + rz' = c;$$

l'on aura à chercher si on peut satisfaire à cette nouvelle équation avec des valeurs entières de z et de z'.

Toute recherche serait terminée si l'on avait $r'=1$. Mais si r' est différent de l'unité, on soumettrait l'équ. [3] aux mêmes calculs que les équ. [1] et [2].

Sans pousser plus loin les raisonnements, on voit, dès à présent, que la recherche ne se termine que quand on arrive à une équation dans laquelle une indéterminée a l'unité pour coefficient. Or, c'est ce qui ne peut manquer d'arriver : car les coefficients r, r', . . qui entrent dans les équations auxiliaires [2], [3] . . sont les restes successifs qu'on obtient en opérant, comme si on cherchait le plus grand commun diviseur entre a et b. Et comme a et b sont premiers entre eux, par hypothèse, on finira toujours par obtenir un reste égal à 1 (*Arithm*).

Admettons, pour fixer les idées, qu'en divisant r par r' on obtienne un quotient q'' et 1 pour reste. Il vient alors

$$r=r'q''+1, \quad r'z+(r'q''+1)z'=c; \text{ d'où } z=-q''z'+\frac{c-z'}{r'}.$$

Soit z le quotient de $c-z'$ par r'; on a $c-z'=r'z''$; par suite

$$[4]. \ . \ . \ z'+r'z''=c, \quad z'=c-r'z''.$$

En donnant à z'' une valeur entière quelconque, positive ou négative, il en résultera toujours une valeur entière correspondante de z'.

Du moment que z' et z'' peuvent recevoir des valeurs entières;

z sera entier; car l'équ. [3] donne $z=-q''z'+z''$.
y sera entier; car l'équ. [2] donne $y=-q'z+z'$.
x sera entier; car l'équ. [1] donne $x=-qy+z$.

Ce qui démontre le principe énoncé.

125. Le raisonnement du numéro précédent montre la marche qu'il faut suivre pour trouver les solutions entières d'une équation à deux inconnues. En voici quelques applications :

EXEMPLE I. $\qquad \frac{1}{11} x - \frac{1}{4} y = \frac{1}{22}$

Chassant les dénominateurs, il vient successivement :

[1] $\quad 4x - 11y = 2$; d'où $x = \dfrac{11y + 2}{4} = 2y + \dfrac{3y + 2}{4}$. $\quad \dfrac{3y + 2}{4} = z$;

[2] $\quad 3y - 4z = -2$; d'où $y = \dfrac{4z - 2}{3} = z + \dfrac{z - 2}{3}$. $\quad \dfrac{z - 2}{3} = z'$;

[3] $\quad z - 3z' = 2$; $\qquad$ d'où $z = 3z' + 2$.

Substituant la valeur de z dans celle de y, il vient

$$y = (3z' + 2) + z' \qquad \text{ou} \qquad y = 4z' + 2$$

Par suite, $x = 2(4z' + 2) + (3z' + 2) \qquad$ ou $\qquad x = 11z' + 6$.

En faisant $z' = 0, 1, 2, 3, 4$. $\begin{cases} x = 6,\ 17,\ 28,\ 39,\ 50 \ldots \\ y = 2,\ \ 6,\ 10,\ 14,\ 18 \ldots \end{cases}$
Il vient respectivement :

Si l'on faisait $z' = -1, -2, -3, -4$. $\begin{cases} x = -5, -16, -27, -38. \\ y = -2, -6, -10, -14. \end{cases}$
On trouverait respectivement :

Ces dernières valeurs prises positivement résoudront l'équ.
$$\tfrac{1}{4} y - \tfrac{1}{11} x = \tfrac{1}{22}.$$

EXEMPLE II. $\qquad \frac{7}{4} x - \frac{9}{7} y = \frac{1}{7}$.

Chassant les dénominateurs, il vient successivement

[1] $\quad 49x - 36y = 4$; $\quad y = \dfrac{49x - 4}{36} = x + \dfrac{13x - 4}{36}$. $\quad \dfrac{13x - 4}{36} = z$;

[2] $\quad 13x - 36z = 4$; $\quad x = \dfrac{36z + 4}{13} = 2z + \dfrac{10z + 4}{13}$. $\quad \dfrac{10z + 4}{13} = z'$;

[3] $\quad 10z - 13z' = -4$; $z = \dfrac{13z' - 4}{10} = z' + \dfrac{3z' - 4}{10}$. $\quad \dfrac{3z' - 4}{10} = z''$;

[4] $\quad 3z' - 10z'' = 4$; $\quad z' = \dfrac{10z'' + 4}{3} = 3z'' + \dfrac{z'' + 4}{3}$. $\quad \dfrac{z'' + 4}{3} = z'''$;

[5] $\quad z'' - 3z''' = -4$; d'où $z'' = 3z''' - 4$.

Substituant cette valeur de z'' dans l'expression de z', pui montant aux équ. précédentes, on trouve successivement

$$z'=10z'''-12$$
$$z=13z'''-16$$
$$x=36z'''-44$$
$$y=49z'''-60.$$

suivant que $z'''=2, 3, 4, 5$; ou $z'''=1,0,-1,-2,-3....$, on a

$$=28, 64, 100, 136, 172 ..\left.\right\}\text{ou}\left\{\begin{array}{l}x=-8, \quad-44, \quad-80, -116 ..\\ y=-11,-60, \quad-109, -158 ..\end{array}\right.$$
$$=38, 49, 60, 71, 82 ..$$

126. La méthode que nous venons d'exposer est susceptible ye plusieurs abréviations remarquables. L'exemple suivant les réunit presque toutes.

EXEMPLE III. $72x-41y=21.$

Première abréviation. On remarque que le terme connu et le coefficient de x ont le fracteur 3 commun. Alors en posant

$$y=3z, \text{ il vient } 72x-41\times 3z=21.$$

Divisant tous les termes de cette équation par 3, on a

$$24x-41z=7 ; \text{ d'où } x=\frac{41z+7}{24}.$$

Deuxième abréviation. En divisant 41 par 24, on aurait un reste 17 plus grand que la moitié du diviseur. Il sera donc plus abrégé de considérer $41z$ comme égal à $48z-7z$. Alors il vient

$$x=\frac{48z-7z+7}{24}=2z+\frac{7-7z}{24}.$$

Troisième abréviation. On remarque que le numérateur $-7z$ revient à $7(1-z)$. Or, ce produit doit être divisible par 4 ; et comme l'un 7 des facteurs est premier avec 24, il faut que l'autre facteur $1-z$ se divise par 24 (*Arithm.*). Nous pouvons donc poser $1-z=24z'$; d'où $z=1-24z'$.

Par suite, on a . . . . $\left\{\begin{array}{l}x=2(1-24z')+7z'=2-41z';\\ y=3(1-24z')=3-72z'.\end{array}\right.$

En faisant $z'=0,-1,-2,-3....$, on trouve les valeurs positives

$$x=2,43, 84,125...$$
$$y=3,75,147,219....$$

DÉTERMINATION DES SOLUTIONS ENTIÈRES POSITIVES.

127. Dans les équations que nous venons de traiter, les inconnues avaient des signes contraires, et pour cette raison le nombre des solutions entières positives était illimité.

Quand les inconnues ont le même signe, comme dans

$$2x + 5y = 27,$$

le nombre des solutions entières positives est nécessairement limité.

En procédant comme pour trouver seulement les solutions entières de cette équation, on a successivement

$$x = \frac{-5y + 27}{2} = -2y + \frac{-y + 27}{2}. \qquad \frac{-y + 27}{2} = z; \quad \text{d'où}$$

[1] $\qquad y = 27 - 2z$; par suite $x = 5z - 54$.

Pour que x et y soient positifs, il faut et il suffit qu'on ait à la fois

$$27 - 2z > 0, \qquad 5z - 54 > 0.$$

D'où l'on tire $\qquad z < 13\tfrac{1}{2} \qquad z > 10\tfrac{4}{5}.$

Or, z doit être entier ; on ne peut donc prendre que les trois valeurs $z = 11, 12, 13$.

Substituant ces valeurs dans les formules [1], il vient

$$x = 1, 6, 11$$
$$y = 5, 3, 1.$$

N. B. Si on donnait à z des valeurs entières plus grandes que 13, les formules [1] donneraient des valeurs positives pour x et des valeurs négatives pour y.

Si, au contraire, on faisait z plus petit que 11, on aurait des valeurs négatives pour x et des valeurs positives pour y.

Faisons, par exemple, $z = 14, 15, 16\ldots$ puis $z = 10, 9, 8\ldots$ Alors nous aurons respectivement

$$\left. \begin{array}{l} x = 16, 21, 26\ldots \\ y = -1, -3, -5\ldots \end{array} \right\} \qquad \left\{ \begin{array}{l} x = -4, -9, -14 \\ y = 7, 9, 11. \end{array} \right.$$

Ces valeurs prises positivement résolvent les équations
$$2x-5y=27 \quad \text{et} \quad 5y-2x=27.$$

128. Remarque. Si le terme tout connu était très grand par rapport aux coefficients des inconnues, les limites auxquelles on arriverait par la méthode précédente, seraient elles-mêmes des nombres très considérables, et par conséquent peu commodes pour les calculs. On peut remédier à cet inconvénient, en extrayant les entiers du terme tout connu.

Exemple I. $\qquad 11x+16y=997.$

On a $x=\dfrac{997-16y}{11}=90-y+\dfrac{7-5y}{11}=90-y+t. \quad t=\dfrac{7-5y}{11};$

$y=\dfrac{7-11t}{5}=1-2t+\dfrac{2-t}{5}=1-2t+t'. \qquad t'=\dfrac{2-t}{5}.$

De là $t=2-5t'$. Remontant à x et y, on trouve
$$y=11t'-3 \text{ et } x=95-16\,t'.$$

Delà on tire les limites $t'>\frac{3}{11}$ et $t'<\frac{95}{16}$, ou $t'<5+\frac{15}{16}$.

Faisant $t'=1, 2, 3, 4$ et 5; il vient $\begin{cases} y=\ \ 8,19,30,41,52 \\ x=79,63,47,31,15. \end{cases}$

129. Exemple II. $\qquad 11x+18y=97.$

En remplaçant 97 par 99—2 et 18y par 22y—4y, on a
$$x=\frac{99-2-22y+4y}{11}=9-2y+2\left(\frac{2y-1}{11}\right).$$

En posant $2y-1=11t$, on trouve successivement
$$y=\frac{11t+1}{2}=5t+\frac{t+1}{2}; \quad \frac{t+1}{2}=t'; \text{ d'où } t=2t'-1.$$

Les formules de x et de y en fonction de t' sont donc
$$y=11t'-5 \quad , \quad x=17-18t'.$$

De là on tire $t'>\frac{3}{11}$ et $t'<\frac{17}{18}$. Puisqu'il n'y a aucun nombre entier entre ces limites, on doit en conclure que l'équation proposée n'admet point de solutions entières positives.

130. Supposons que, par un moyen quelconque, on ait trouvé une première solution entière de l'équation

$$[1] \quad . \quad . \quad . \quad ax+by=c.$$

Soit $x=$A, $y=$B cette solution. Nous aurons donc

$$a\mathrm{A}+b\mathrm{B}=c.$$

Retranchant cette égalité de l'équation proposée, on a

$$a(x-\mathrm{A})+b(y-\mathrm{B})=o\,;\ \text{d'où}\ x=\mathrm{A}+\tfrac{b(\mathrm{B}-y)}{a}\,.$$

Puisque x doit être entier, il faut que a divise le produit $b(\mathrm{B}-y)$; mais a est premier avec le facteur b; donc l'autre facteur $\mathrm{B}-y$ doit être un multiple de a (*Arithm.*). Posons donc $\mathrm{B}-y=at$; et nous aurons

$$[2] \quad . \quad . \quad . \quad x=\mathrm{A}+bt,\ \ y=\mathrm{B}-at.$$

Si l'on prend $t=0, 1, 2, 3, 4....$ il vient

$$x=\mathrm{A},\quad \mathrm{A}+b,\quad \mathrm{A}+2b,\quad \mathrm{A}+3b,\quad \mathrm{A}+4b,\ \text{etc.}$$
$$y=\mathrm{B},\quad \mathrm{B}-a,\quad \mathrm{B}-2a,\quad \mathrm{B}-3a,\quad \mathrm{B}-4a,\ \text{etc.}$$

Lorsque l'équation est de la forme $ax-by=c$, on doit avoir soin de changer le signe de b dans les formules [2]; on aura alors $x=\mathrm{A}-bt,\ y=\mathrm{B}-at$. Or, comme t peut recevoir des valeurs négatives, il est clair qu'on peut encore écrire

$$x=\mathrm{A}+bt,\quad y=\mathrm{B}+at.$$

D'après cela, *les valeurs de* x *forment une progression arithmétique dont la raison est le coefficient de* y, *et les valeurs de* y *forment une progression arithmétique dont la raison est le coefficient de* x *pris avec un signe contraire à celui que* y *a dans l'équation.*

131. A l'aide de ce principe, on obtient sur-le-champ toutes les solutions entières de l'équ. [1], dès qu'on en connaît une seule. Or, il est souvent facile d'obtenir une solution à la simple inspection de l'équation.

EXEMPLE 1. $\qquad 7x+3y=96.$

On remarque que 96 est multiple du coefficient 3 de y.

Le quotient de 96 par 3 étant 32, on aura une solution, en posant $x=o$, $y=32$. Donc les valeurs générales sont

$$x=3t,\quad y=32-7t.$$

Prenant $t=1, 2, 3, 4$, on a quatre solutions positives.

$$x= 3, \ 6, \ 9, 12.$$
$$y=25,18,11, \ 4.$$

132. EXEMPLE II. $\quad 2x+5y=49$.

On remarque que la somme des coefficients $2+5$ divise exactement 49. Si donc on fait $x=1, y=1$, le premier membre se réduira à 7, et sera contenu 7 fois dans 49. Par conséquent, en prenant x et y chacun 7 fois plus grand, le premier membre sera égal au second. En sorte que $x=7, y=7$ est une solution, et l'on a pour déterminer les autres.

$$x=7+5t, \quad y=7-2t.$$

En faisant $t=0, 1, 2, 3$, on trouve

$$x=7,12,17,22$$
$$y=7, \ 5, \ 3, \ 1.$$

133. EXEMPLE III. $\quad 3x+5y=53$.

On reconnaît sur-le-champ que si l'on retranche le coefficient 3 de 53, le reste 50 sera divisible par l'autre coefficient 5.

Par conséquent on a une solution, en posant $x=1, y=10$; ce qui donne $\qquad x=1+5t, \quad y=10-3t.$

En prenant $t=0,1,2,3$, on trouve

$$x= 1,6,11,16$$
$$y=10,7, \ 4, \ 1.$$

134. EXEMPLE IV. $\quad 5x-7y=18$.

On remarque qu'en passant $7y$ dans le second membre avec le signe $+$, et en donnant à y la valeur 1, le second membre devient exactement divisible par le coefficient de x. En sorte qu'on a pour solution $y=1, x=5$. D'où

$$x=5+7t, \quad y=1+5t.$$

Ces formules donnent une infinité de solutions positives.

135. EXEMPLE V. $\quad 11x-7y=20$.

En faisant $x=1, y=1$, le premier membre se réduira à 4, et sera contenu exactement 5 fois dans le second. Si donc on prend x et y 5 fois plus grand, on aura une solution $x=5, y=5$. Ainsi

$$x=5+7t, \quad y=5+11t.$$

136. Cherchons maintenant les solutions entières de deux équations à trois inconnues.

$$\text{EXEMPLE I.} \quad \begin{cases} x + y + z = 20 \\ 6x + 3y + z = 52. \end{cases}$$

L'élimination de z donne . . . . . $5x + 2y = 32$.

Les valeurs entières de x et y, qui satisfont aux équations proposées, satisfont nécessairement à cette dernière. Or, celle-ci est satisfaite, lorsqu'on pose $\quad x = 0, y = 16$.

Les formules générales de x et de y sont donc

$$x = 2t, \quad y = 16 - 5t.$$

Substituant ces valeurs dans $x + y + z = 20$, on a

$$z = 4 + 3t.$$

Ces trois formules font connaître toutes les valeurs entières des inconnues qui conviennent aux équations proposées.

Pour que les inconnues soient toutes trois positives, on ne peut prendre que $t = 0, 1, 2, 3$; ce qui donne

$$x = \ 0, \ 2, \ 4, \ 6$$
$$y = 16, 11, \ 6, \ 1$$
$$z = \ 4, \ 7, 10, 13.$$

REMARQUE. Si l'on faisait $t = 4, 5, 6$, etc., les valeurs de x et z seraient encore positives, mais celles de y deviendraient négatives; alors en les prenant positivement, on obtiendrait une infinité de solutions positives qui conviendraient aux équations

$$x - y + z = 20$$
$$6x - 3y + z = 52.$$

Si l'on fait $t = -1$, on aura $x = -2$, $y = 21$, $z = 1$. Mais en prenant $x = 2$, on aura une seule solution positive des équations

$$y - x + z = 20,$$
$$3y - 6x + z = 52.$$

Si l'on fait $t = -2, -3$, etc., les valeurs de y seraient seules

ositives, et celles de x et de z deviendraient négatives, mais en
les prenant positivement, on aurait une infinité de solutions positives des équations

$$y - x - z = 20$$
$$3y - 6x - z = 52.$$

137. EXEMPLE II, dans lequel aucune inconnue n'a l'unité
pour coefficient.

$$3x + 5y + 7z = 560,$$
$$9x + 25y + 49z = 2920.$$

L'élimination de z donne. . . . . . . $6x + 5y = 500$.
On a une première solution en posant $x = 0$, $y = 100$.
Par suite $\quad x = 5t, \quad y = 100 - 6t$.
Substituant ces valeurs dans $3x + 5y + 7z = 560$, il vient

$$7z - 15t = 60.$$

Ici on a une première solution en posant $z = 0$, $t = -4$.
Donc on a les formules $\quad z = 15t', \quad t = -4 + 7t'$.
Cette valeur de t substituée dans celles de x et de y, donne

$$x = 35t' - 20, \quad y = 124 - 42t'.$$

Faisant $t' = 1, 2$; il vient $\quad x = 15, 50; \quad y = 82, 40; \quad z = 15, 30$.

ÉQUATIONS A RÉSOUDRE.	SOLUTIONS ENTIÈRES POSITIVES.
$5x + 7y - 3z = 10$ $5x - 2y + 4z = 13$	$x = 1, \ y = 2, \ z = 3$
$10x + 4y + 9z = 473$ $2x + 14y - 7z = 341$	$x = 6, \ 13, \ 20, \ 27, \ 34$ $y = 38, \ 34, \ 30, \ 26, \ 22$ $z = 29, \ 23, \ 17, \ 11, \ \ 5$
$5x + 4y + z = 272$ $8x + 9y + 3z = 656$	$x = 1, \ 4, \ 7, \ 10, \ 13, \ 16, \ 19, \ 22$ $y = 51, 44, 37, \ 30, \ 23, \ 16, \ 9, \ \ 2$ $z = 63, 76, 89, 102, 115, 128, 141, 154$
$11x - 3y + 5z - 7u = 2157$ $13x + 5y - 2z + 4u = 2559$ $8x + 7y + 3z - 5u = 1595$	$x = \ \ 60, \ 128, 196$ $y = \ 159, \ \ 81, \ \ 3$ $z = 2464, 1233, \ \ 2$ $u = 1478, \ 739, \ \ 0$

$$\left.\begin{array}{r} x+y+z=\ 5 \\ 80x+7y+3z=100 \end{array}\right\} \begin{cases} x=1 \\ y=2 \\ z=2 \end{cases}$$

$$\left.\begin{array}{r} x+6y+z=100 \\ 7x+16y+z=200 \end{array}\right\} \begin{cases} x=\ 0,\ \ 5,\ 10,\ 15 \\ y=10,\ \ 7,\ \ 4,\ \ 1 \\ z=40,\ 53,\ 66,\ 79 \end{cases}$$

$$\left.\begin{array}{r} 5x+3y+z=100 \\ 35x+8y+z=200 \end{array}\right\} \begin{cases} x=\ 3,\ \ 2,\ \ 1,\ \ 0 \\ y=\ 2,\ \ 8,\ 14,\ 20 \\ z=79,\ 66,\ 53,\ 40 \end{cases}$$

$$\left.\begin{array}{r} 2x+5y+3z=\ 30 \\ 14x+55y+27z=180 \end{array}\right\} \begin{cases} x=5,\ 6,\ 7,\ 8,\ 9 \\ y=4,\ 3,\ 2,\ 1,\ 0 \\ z=0,\ 1,\ 2,\ 3,\ 4 \end{cases}$$

$$\left.\begin{array}{r} x+14y-3,5z=170,5 \\ 5x+4y+4,5z=236,5 \end{array}\right\} \begin{cases} x=\ 6,\ 13,\ 20,\ 27,\ 34 \\ y=19,\ 17,\ 15,\ 13,\ 11 \\ z=29,\ 23,\ 17,\ 11,\ \ 5 \end{cases}$$

$$\left.\begin{array}{r} 4x+y+5z=272 \\ 9x+3y+8z=656 \end{array}\right\} \begin{cases} x=51,\ 44,\ 37,\ \ 30,\ \ 23,\ \ 16,\ \ \ 9,\ \ \ 2 \\ y=68,\ 81,\ 94,\ 107,\ 120,\ 133,\ 146,\ 159 \\ z=\ 1,\ \ 4,\ \ 7,\ \ 10,\ \ 13,\ \ 16,\ \ 19,\ \ 22 \end{cases}$$

$$\left.\begin{array}{r} 2,5x+2y+0,5z=136 \\ 4x+4,5y+1,5z=328 \end{array}\right\} \begin{cases} x=\ 1,\ \ 4,\ \ 7,\ \ 10,\ \ 13,\ \ 16,\ \ 19,\ \ 22 \\ y=51,\ 44,\ 37,\ \ 30,\ \ 23,\ \ 16,\ \ \ 9,\ \ \ 2 \\ z=63,\ 76,\ 89,\ 102,\ 115,\ 128,\ 141,\ 154 \end{cases}$$

$$\left.\begin{array}{r} x+y+z+u=10 \\ 3x-3y+4z-u=\ 3 \\ 4x-6y-4z+u=\ 0 \end{array}\right\} \begin{cases} x=3 \\ y=2 \\ z=1 \\ u=4 \end{cases}$$

$$\left.\begin{array}{r} x+y+z+u=\ 73 \\ x+13y-8z-u=268 \\ 9x+3y+8z-u=400 \end{array}\right\} \begin{cases} x=34,\ 27,\ 20,\ 13,\ \ 6 \\ y=22,\ 26,\ 30,\ 34,\ 38 \\ z=\ 5,\ 11,\ 17,\ 23,\ 29 \\ u=12,\ \ 9,\ \ 6,\ \ 3,\ \ 0 \end{cases}$$

138. Considérons maintenant une équation à trois inconnues.

Exemple I. $\qquad 5x+6y+20z=187.$

On en tire $\quad x=\dfrac{187-6y-20z}{5}=37-y-4z-\dfrac{y-2}{5}.$

En posant $y-2=5t$, on obtient les formules

$$y=5t+2 \quad \text{puis} \quad x=35-(4z+6t).$$

Pour que x, y, z soient positifs, il faut que t ne soit pas plus grand que 5 ni plus petit que 0. On peut donc faire successivement $t=0,1,2,3,4,5$. Si en même temps, on fait

$$z= 1, \quad 2, \quad 3, \quad 4, \quad 5, \quad 6, \ 7, \ 8$$

on aura $y= 2$ et $x=31, \ 27, \ 23, \ 19, \ 15, \ 11, \ 7, \ 3$

$\qquad\quad y= 7 \qquad x=25, \ 21, \ 17, \ 13, \ \ 9, \ \ 5, \ 1$

$\qquad\quad y=12 \qquad x=19, \ 15, \ 11, \ \ 7, \ \ 3$

$\qquad\quad y=17 \qquad x=13, \ \ 9, \ \ 5, \ \ 1$

$\qquad\quad y=22 \qquad x= 7, \ \ 3$

$\qquad\quad y=27 \qquad x= 1$

On a ainsi vingt-sept solutions.

Exemple II. $\qquad 6x+15y+20z=171.$

On obtient successivement $x=28-2y-3z+\dfrac{3-3y-2z}{6}.$

$$3-3y-2z=6t, \quad \text{d'où} \quad z=\frac{3(1-y-2t)}{2}.$$

$$1-y-2t=2t'; \ \text{d'où} \ y=1-2t-2t'.$$

Les formules des inconnues deviennent donc

$$z=3t', \quad y=1-2(t+t'), \quad x=26+5(t-t').$$

On voit que t' doit être positif, et t négatif. En prenant $t'=1$ et $t=-1, \ -2, \ -3, \ -4$; puis $t'=2$ et $t=-2, \ -3$; on aura les six solutions :

$$y= 1, \quad 3, \ 5, \ 7$$

$z=3$ et $x=16, \ 11, \ 6, \ 1$

$z=6 \ \dots \ x= 6, \ \ 1.$

EXEMPLE III. $5x+8z+7z=50$ ...
$$\begin{cases} x=7,\ 4,\ 1 \\ y=1,\ 2,\ 3 \\ z=1,\ 2,\ 3 \end{cases}$$

EXEMPLE IV. $9x+5y+3z=159$ ..
$$\begin{cases} x=\ 1,\ \ 4,\ \ 7,\ 10,\ 13 \\ y=27,\ 21,\ 15,\ \ 9,\ \ 3 \\ z=\ 5,\ \ 6,\ \ 7,\ \ 8,\ \ 9 \end{cases}$$

EXEMPLE V. $\qquad 2x+3y+5z=50$

Solution $\quad y=$ 1, 2, 3, 4, 5, 6, 7, 8, 9, 10, 11, 12, 13.

$z=1,\quad x=21,\ \ ^*,\ 18,\ \ ^*,\ 15,\ \ ^*,\ 12,\ \ ^*,\ 9,\ \ ^*,\ \ 6,\ \ ^*,\ \ 3.$

$z=2,\quad x=\ \ ^*,\ 17,\ \ ^*,\ 14,\ \ ^*,\ 11,\ \ ^*,\ 8,\ \ ^*,\ 5,\ \ ^*,\ \ 2.$

$z=3,\quad x=16,\ \ ^*,\ 13,\ \ ^*,\ 10,\ \ ^*,\ \ 7,\ \ ^*,\ 4,\ \ ^*,\ \ 1.$

$z=4,\quad x=\ \ ^*,\ 12,\ \ ^*,\ \ 9,\ \ ^*,\ \ 6,\ \ ^*,\ 3.$

$z=5,\quad x=11,\ \ ^*,\ \ 8,\ \ ^*,\ \ 5,\ \ ^*,\ \ 2.$

$z=6,\quad x=\ \ ^*,\ \ 7,\ \ ^*,\ \ 4,\ \ ^*,\ \ 1.$

$z=7,\quad x=\ 6,\ \ ^*,\ \ 3.$

$z=8,\quad x=\ \ ^*,\ \ 2.$

$z=9,\quad x=\ 1.$

139. D'après ce qui précède, on résoudra facilement un système de deux équations à quatre inconnues.

$$x+\ y+\ z+2u=100$$
$$10x+5y+2z+\ u=100.$$

On devra trouver les dix solutions suivantes :

$$x=1 \begin{cases} y=\ 1,\ \ 2,\ \ 3,\ \ 4,\ \ 5,\ \ 6,\ \ 7,\ \ 8 \\ z=24,\ 21,\ 18,\ 15,\ 12,\ \ 9,\ \ 6,\ \ 3 \\ u=37,\ 38,\ 39,\ 40,\ 41,\ 42,\ 43,\ 44 \end{cases}$$

$$x=4 \begin{cases} y=\ 1,\ \ 2 \\ z=\ 5,\ \ 2 \\ u=45,\ 46 \end{cases}$$

PROBLÈMES INDÉTERMINÉS.

140. PROBLÈME I. *Partager la fraction $\frac{58}{77}$ en deux autres dont les dénominateurs soient 7 et 11.*

Soient x et y les numérateurs des fractions demandées. On a

$$\frac{x}{7} + \frac{y}{11} = \frac{58}{77}.$$

De là on tire $11x+7y=58$; d'où $x=7t-3$ et $y=13-11t$.

Pour que x et y soient positifs, il faut et il suffit qu'on ait

$$7t-3>0 ; \text{d'où } t>\tfrac{3}{7}; \qquad 13-11t>0 ; \text{d'où } t<1+\tfrac{2}{11}.$$

Comme x et y doivent être entiers on ne peut faire que $t=1$; alors $x=4$ et $y=2$. Ainsi les fractions démandées sont $\frac{4}{7}$ et $\frac{2}{11}$.

PROBLÈME II. *Partager 26 en deux parties telles que l'une soit divisible par 2 et l'autre par 5.*

L'une des parties devant être un multiple de 2, pourra être représentée par $2x$. De même, l'autre partie pourra être représentée par $5y$. Alors il vient

$$2x+5y=26.$$

On a une première solution en posant $y=0$, $x=13$.

Par suite, les formules générales sont $y=2t$, $x=13-5t$.

En faisant $t=1$, 2; on a $y=2$ $x=8$, ou $y=4$, $x=3$.

Ainsi les parties demandées sont 10 et 16 ou bien 20 et 6.

PROBLÈME III. *Former la longueur du mètre en plaçant les unes à la suite des autres des pièces d'or de 20 fr. et de 40 fr., dont les diamètres respectifs sont de 21 et de 26 millimètres.*

Supposons qu'il faille prendre x pièces de 20 fr. et y pièces de 40 fr. On a . . . $21x+26y=1000$

Posant $x=2z$, on a $21z+13y=500$;

En résolvant cette équation, on trouve $z=30-13t$, et $y=21t-10$; par suite $x=2(30-13t)$,

Faisant $t=1, 2$, on a les deux solutions $\begin{cases} x=34, & 8 \\ y=11, & 32. \end{cases}$

5.

PROBLÈME IV. *Une fruitière disait à un jeune algébriste : Je ne me rappelle plus au juste le nombre de mes pommes ; mais je sais qu'il y en a plus de 100 et moins de 300 ; et en les comptant par 7, il en reste 1 ; par 10, il en reste 6 ; et par 3 il n'en reste point. Devinez le nombre.*

Soit x ce nombre. Il s'agit de trouver pour x un nombre entier qui rende entières les expressions

$$\frac{x-1}{7}, \quad \frac{x-6}{10}, \quad \frac{x}{3}.$$

Posant $x=3z$ . . . [1], les deux 1res expressions deviennent

$$\frac{3z-1}{7}, \quad \frac{3(z-2)}{10}.$$

Posons $z-2=10z'$; d'où $\quad z=2+10z'$ . . . . [2]
Substituant cette valeur dans la 1re fraction, on a

$$\frac{3(2+10z')-1}{7} = \frac{5+30z'}{7} = 4z' + \frac{5+2z'}{7}.$$

Posons $\quad \dfrac{5+2z'}{7} = z''$: il vient $\quad z' = 3z''-2+\dfrac{z''-1}{2}$; . . [3]

$$\frac{z''-1}{2} = z''' : \quad \text{d'où} \quad z''=2z'''+1 \quad . . . . [4]$$

Par suite, en remontant aux expressions [3], [2], [1], on a
$$z'=7z'''+1, \quad z=70z'''+12, \quad x=210z'''+36.$$

Or, x doit être compris entre 100 et 300, on a donc

$$210z'''+36>100 ; \text{ d'où } z'''>\frac{32}{105}. \quad 210z'''+36<300 ; \text{ d'où } z'''<1\frac{9}{35}.$$

Ainsi on doit faire $z'''=1$; et on a $x=246$.

REMARQUE. Voici un moyen plus simple de résoudre ce problème :

Soit x le quotient entier du nombre cherché par 7 ; comme alors il reste 1, le nombre demandé vaut . . . . $7x+1$

Soit y le quotient du même nombre par 10 ; comme alors il reste 6, le nombre demandé vaut aussi . . . . $10y+6$

On a, par conséquent, l'égalité . . . . . . $7x+1=10y+6$

ou bien . . . $7x-10y=5$.

Posant $2y=z$, il vient . . . . $7x-5z=5.$

On a une 1re solution, en posant . . . . $x=0,\ z=-1.$

Par suite $\quad x=5t,\quad\quad z=7t-1;\quad\quad y=3t+\frac{t-1}{2}.$

Faisons $t-1=2t'$; il vient $x=10t'+5$; $y=7t'=3.$

Le nombre demandé vaut donc $70t'+36$ . . . [1].

On a, en outre, $100<70t'+36<300$; d'où $\frac{52}{53}<t'<3\frac{27}{53}.$

Ainsi on ne peut faire que $t'=1, 2, 3.$ D'ailleurs, l'expression $70t'+36$ devant être un multiple de 3, on voit que l'on ne peut prendre que $t'=3.$ Alors le nombre demandé est $210+36$ ou $246.$

PROBLÈME V. *Comment peut-on, avec des poids de 40 et de 27 liv., faire équilibre à un corps qui pèse 612 liv. ?*

Supposons qu'il faille prendre x poids de 40 liv. avec y poids de 27. Alors nous aurons

$$40x+27y=612.$$

On remarque que le coefficient 40 de x admet le facteur 4 qui divise 612, et que le coefficient 27 de y admet le facteur 9 qui divise aussi 612. Donc on peut poser $x=9x'$, $y=4y'$ et on aura

$$10x'+3y'=17 : \text{d'où } y'=5-3x'+\tfrac{2-x'}{3}.$$

Posons $2-x'=3t$, et il vient $x'=2-3t$; $y'=10t-1$

Par suite, on a . . . . $x=18-27t,\ y=40t-4.$

Ici on voit que nulle valeur entière de t ne peut rendre les deux inconnues positives à la fois :

Le problème proposé est donc impossible dans le sens strict de son énoncé.

Mais, remarquez que si l'on change le signe d'une inconnue, de y par exemple, l'équation et les formules deviennent

$$40x=612+27y;\quad x=18-27t,\ y=-4-40t.$$

Alors en faisant $t=0,-1,-2,-3$, etc., il vient

$$x=18,\ 45,\ 72,\ 99 . . . .$$
$$y=\ 4,\ 44,\ 84,\ 124 . . . .$$

Ainsi, l'équilibre pourra être établi, en ajoutant 4 poids de 27 liv. au corps pesant, et en opposant au système 18 poids de 40 liv.

Payer 49 francs avec des pièces de 5 fr. et de 3 fr.

    Réponse : Nombre des pièces de 5 fr. 2, 5, 8

              Nombre des pièces de 3 fr. 13, 8, 3.

Une société, composée d'hommes et de femmes, a dépensé 997 fr. à un dîner : chaque homme a dépensé 16 fr., et chaque femme 11 fr. : combien y en avait-il des uns et des autres ?

    Réponse : Nombre des hommes 8, 19, 30, 41, 52

              Nombre des femmes 79, 63, 47, 31, 15.

Partager 243 en deux parties divisibles exactement, l'une par 24 et l'autre 65. (R. 48 et 195.)

Partager 78 en deux parties divisibles exactement, l'une par 5 et l'autre par 3.

    Réponse : Première partie 15, 30, 45, 60, 75

           Deuxième partie .63, 48, 33, 18, 3.

Trouver un nombre de trois chiffres tel, qu'en le divisant par 3, 5, 7 on obtienne les restes 2, 4, 3. (R. 269, 479, 689, 899.)

Un cuisinier achète 100 pièces de gibier pour 100 francs, savoir : des lièvres 3 fr. 50 c. la pièce, des lapins à 1 fr. 50 c., des perdrix à 50 c. Combien y a-t-il de pièces de chaque espèce ?

    Réponse : Nombre des lièvres 15, 10, · 5

           Nombre des lapins   6, 24, 42

           Nombre des perdrix 79, 66, 53.

Une personne charitable distribue 6 fr. à 30 pauvres : les hommes reçoivent 80 c. chacun, les femmes 7 c., et les enfants 3 c. Combien y a-t-il d'hommes, combien de femmes et combien d'enfants ?

    Réponse : 6 hommes, 12 femmes, 12 enfants.

Une fermière a acheté 41 pièces de bétail pour 741 fr., savoir : des porcs à 24 fr. la pièce, des chèvres à 19 fr. et des brebis à 10 fr. Combien y avait-il d'animaux de chaque espèce ?

    Réponse : Nombre des porcs   5, 14, 23;

           Nombre des chèvres 29, 15, 1;

           Nombre des brebis   7, 12; 17.

Un monnoyeur a trois lingots d'argent : une once du 1er contient 7 huitièmes d'argent fin, une once du 2e contient 11 seizièmes, une once du 3e, 9 seizièmes. Combien doit-il prendre, en nombres entiers, d'onces de chaque lingot pour faire un alliage, dont une once contienne 3 quarts d'argent fin ?

    Réponse : Nombre des onces du 1er lingot 96, 102, 128;

           Nombre des onces du 2e   120, 80, 40;

           Nombre des onces du 3e   24, 48, 72.

CHAPITRE VI.

CARRÉ ET RACINE CARRÉE DES QUANTITÉS ALGÉBRIQUES.

CARRÉ ET RACINE CARRÉE DES MONOMES.

141. Lorsqu'on multiplie une quantité par elle-même, le produit qu'on obtient se nomme le *carré* de cette quantité.

La quantité qui, élevée au carré reproduit une quantité donnée, se nomme la *racine carrée* de cette quantité.

Ainsi x^2 est le carré de x, et x est la racine carrée de x^2.

On indique la racine carrée d'une quantité en plaçant devant cette quantité le signe $\sqrt{}$, qu'on appelle *radical*.

142. D'après ces conventions, on a

$$(\sqrt{x})^2 = x, \quad x = \sqrt{x^2}\,; \text{ par suite } (\sqrt{x})^2 = \sqrt{x^2}.$$

143. La règle de la multiplication donne successivement :

$$(4a^2bc^3)^2 = 4a^2bc^3 \times 4a^2bc^3 = 16a^4b^2c^6.$$

$$\left(\tfrac{2}{3}ab^{-1}c^{-2}\right)^2 = \tfrac{2}{3}ab^{-1}c^{-2} \times \tfrac{2}{3}ab^{-1}c^{-2} = \tfrac{4}{9}a^2b^{-2}c^{-4}.$$

Ainsi, *on forme le carré d'un monome en élevant son coefficient au carré et en doublant tous les exposants.*

Donc réciproquement, *la racine carrée d'un monome s'obtient en extrayant la racine carrée du coefficient et en divisant tous les exposants par 2.*

FORMATION DU CARRÉ D'UN POLYNOME.

144. On a vu au n° 39 que *le carré d'un binome se compose du carré du 1er terme, du double produit du 1er terme par le second et du carré du 2e terme.*

En vertu de ce principe, si l'on considère l'ensemble des termes d'un polynome, excepté le dernier, comme ne formant qu'un seul, on aura

$$(a+b+c+d)^2 = (a+b+c)^2 + 2(a+b+c)d + d^2.$$

En formant de la même manière le carré de $a+b+c$, on a

$$(a+b+c)^2 = (a+b)^2 + 2(a+b)c + c^2,$$

En développant le carré de $a+b$, et effectuant les produits indiqués, il vient

$$(a+b+c+d)^2 = a^2 \\ +2ab+ b^2 \\ +2ac+2bc+c^2 \\ +2ad+2bd+2cd+d^2.$$

De là on conclut cette règle :

Le carré d'un polynome contient le carré du 1er terme,

Le double produit du 1er par le 2e, plus le carré du 2e,

Les doubles produits des deux 1ers termes par le 3e, plus le carré du 3e ;

Les doubles produits des trois 1ers par le 4e, plus le carré du 4e ;

Et ainsi de suite, quel que soit le nombre des termes.

Au moyen de cette règle, on peut former le carré d'un polynome plus simplement que par le procédé ordinaire de la multiplication.

Nous allons l'appliquer à quelques exemples.

145. Soit proposé de former le carré du polynome

$$5x^2 - 3x^3 + 7x + 2x^4 - 4.$$

On commencera par ordonner ce polynome, puis on disposera l'opération comme il suit :

$$(2x^4 - 3x^3 + 5x^2 + 7x - 4)^2$$

$$
\begin{array}{l}
4x^8 - 12x^7 + 9x^6 \\
\qquad\quad + 20x^6 - 30x^5 + 25x^4 \\
\qquad\qquad\qquad + 28x^5 - 42x^4 + 70x^3 + 49x^2 \\
\qquad\qquad\qquad\qquad\quad - 16x^4 + 24x^3 - 40x^2 - 56x + 16 \\
\hline
4x^8 - 12x^7 + 29x^6 - 2x^5 - 33x^4 + 94x^3 + 9x^2 - 56x + 16.
\end{array}
$$

146. Voici un exemple d'un polynome complet dont le carré n'est pas un polynome complet.

$$(a^2x^3 + 4a^3x^2 - 8a^4x + 32a^5)^2$$

$$
\begin{array}{l}
a^4x^6 + 8a^5x^5 + 16a^6x^4 \\
\qquad\qquad\qquad - 16a^6x^4 - 64a^7x^3 + 64a^8x^2 \\
\qquad\qquad\qquad\qquad\quad + 64a^7x^3 + 256a^8x^2 - 512a^9x + 1024a^{10} \\
\hline
a^4x^6 + 8a^5x^5 \;\ldots\; * \;\ldots\; * \;\ldots\; + 320a^8x^2 - 512a^9x + 1024a^{10}.
\end{array}
$$

147. Pour dernier exemple prenons un polynome dont plusieurs termes contiennent la lettre ordonnatrice avec le même exposant.

$$
\left(\begin{array}{c|cc|cc}
a^2 & x^2 & -3a & x & +2a \\
+2a & & +5 & & -3 \\
-2 & & & &
\end{array}\right)^2
$$

$$
\left\{\begin{array}{c|cc|cc|c}
a^4 & x^4 & -6a^5 & x^3 & +9a^2 & x^2 \\
+4a^5 & & -12a^2 & & -30a & \\
+4a^2 & & +12a & & +25 & \\
-4a^2 & & +10a^2 & & & \\
-8a & & +20a & & & \\
+4 & & -20 & & &
\end{array}\right.
$$

$$
\left\{\begin{array}{c|cc|cc}
+4a^3 & x^2 & -12a^2 & x & +4a^2 \\
+8a^2 & & +20a & & -12a \\
-8a & & +18a & & +9 \\
-6a^2 & & -30 & & \\
-12a & & & & \\
+12 & & & &
\end{array}\right.
$$

$$
\left\{\begin{array}{cc|cc|cc|cc|cc}
a^4 & x^4 & -6a^5 & x^3 & +4a^5 & x^2 & -12a^2 & x & +4a^5 \\
+4a^3 & & -2a^2 & & +11a^2 & & +38a & & -12a \\
-8a & & +32a & & -50a & & -30 & & +9 \\
+4 & & -20 & & +37 & & & &
\end{array}\right.
$$

RACINE CARRÉE DES POLYNOMES.

148. Désignons par A+B+C+. . . un polynome ordo[nné]
par rapport aux puissances décroissantes d'une lettre x.

Soit $a+b+c$. . . sa racine carrée ordonnée de là même m[a]-
nière.

Parmi les termes qui composent le carré de cette racine, ce[lui]
qui contient x avec le plus fort exposant est évidemment a[;]
a^2 est donc un terme du polynome A+B+C+. . ., et c'est [le]
terme qui contient le plus fort exposant de x, c'est-à-dire [le]
premier A. Donc *en extrayant la racine carrée du 1er ter[me]*
du polynome proposé, on obtient le 1er terme de sa ra-
cine.

Si du polynome on retranche le carré de ce terme, le re[ste]
B+C+. . . devra contenir le double produit du 1er terme [de]
la racine par le 2e, plus le carré du 2e, plus etc. Or, le prod[uit]
du 1er terme par le 2e contient évidemment x avec un pl[us]
fort exposant que tous les autres termes du reste; donc, B [est]
ce double produit; donc *en divisant le 1er terme du res[te]*
par le double du 1er terme de la racine on obtient le [2e]
terme de cette racine.

En ajoutant ce second terme au double du premier et [en]
multipliant la somme par ce second terme, le résultat repr[é]-
sentera le double produit du premier terme de la racine par [le]
2e, plus le carré du 2e. Si donc on retranche ce produit du re[ste]
B+C+. . . on aura un second reste qui ne contiendra pl[us]
que le double produit de la somme des deux premiers term[es]
de la racine par le 3e, plus le carré du 3e, plus, etc.

Par des raisonnements analogues aux précédents, on prou[ve]-
verait que *le 3e terme de la racine s'obtient en divisant [le]*
1er terme du second reste par le double du 1er terme [de]
la racine.

Les trois premiers termes de la racine feront trouver le 4[^e]
comme les deux premiers ont fait trouver le 3e; et en cont[inuant]

...nt ce procédé, on déterminera successivement tous les ter-
...s de la racine. Voici la disposition des calculs :

$$
\begin{array}{l|l}
\text{Polynome ordonné.} & \text{Racine carrée.} \\
\hline
x^6-2x^5+5x^4+2x^3-2x^2+12x+9 & x^3-\ x^2+2x+3 \\
-x^6 & \\
\hline
 & 2x^3-\ x^2 \\
1^{\text{er}}\text{ reste } -2x^5+5x^4+2x^3-2x^2+12x+9 & -\ x^2 \\
\quad\quad +2x^5-\ x^4 & \\
\hline
 & 2x^3-2x^2+2x \\
2^{\text{e}}\text{ reste }\ldots +4x^4+2x^3-2x^2+12x+9 & +2x \\
\quad\quad -4x^4+4x^3-4x^2 & \\
\hline
 & 2x^3-2x^2+4x+3 \\
3^{\text{e}}\text{ reste }\ldots\ldots +6x^3-6x^2+12x+9 & +3 \\
\quad\quad -6x^3+6x^2-12x-9 & \\
\hline
4^{\text{e}}\text{ reste }\ldots\ldots\ldots\ 0 &
\end{array}
$$

On extrait la racine carrée du premier terme du polynome,
qui donne x^3 pour le premier terme de la racine.

Du polynome donné on retranche le carré de ce terme, et on
le 1er reste. On divise le premier terme de ce reste par $2x^3$,
double du 1er terme de la racine. Le quotient $-x^2$ sera le 2^{e}
terme de la racine.

Au double du 1er terme de la racine on ajoute le 2e, ce qui
donne $2x^3-x^2$; on multiplie cette somme par le 2e terme $-x^2$,
puis on retranche le produit du 1er reste; ce qui donne le 2^{e}
reste.

Par les deux soustractions précédentes, on a retranché du
polynome donné le carré du 1er terme de la racine, le double
produit du 1er par le 2e et le carré du 2e; en tout, le carré des
deux premiers termes de la racine. Si donc, on divise le pre-
mier terme du 2e reste par $2x^3$ double du 1er terme de la racine, le quotient $+2x$ sera le 3e terme de la racine.

Au double des deux premiers termes de la racine on ajoute
le 3e; ce qui donne $2x^3-2x^2+2x$; on multiplie cette somme
par le 3e terme, et on retranche le produit du 2e reste, ce qui
donne le 3e reste. On aura aussi, en trois fois, retranché du polynome le carré des trois premiers termes de sa racine; donc
si l'on divise le premier terme du 3e reste par le double $2x^3$, le
quotient $+3$ sera le 4e terme de la racine.

Au double des trois premiers termes de la racine, on ajout
le 4e, on multiplie la somme par ce 4e terme, et on retranche l
produit du 3e reste; et comme alors on obtient un reste zér
on en conclut que le polynome proposé est un carré parfait e
que les termes trouvés $x^3 - x^2 + 2x + 3$ composent sa racin
carrée.

Remarque. La racine carrée d'un polynome ne peut s'ob
tenir exactement lorsque les calculs conduisent à un reste don
le 1er terme n'est pas divisible exactement par le double d
1er terme de la racine. Quelquefois on est averti de l'imposs
bilité sans pousser l'opération aussi loin. Dans l'exemple ci
dessous l'impossibilité se manifeste dès le deuxième terme, ca
si la racine pouvait s'obtenir exactement, son dernier terme de
vrait être $+3x$ ou $-3x$: or, on est conduit à ce terme san
qu'il en résulte un reste zéro; on est donc certain que le poly
nome donné n'est pas un carré parfait.

$$
\begin{array}{ll}
\text{Polynome } 4x^8 - 12x^5 + 8x^4 - 12x^3 + 9x^2 & \\
\text{1}^{er}\text{ reste . } \quad -12x^5 + 8x^4 - 12x^3 + 9x^2 & \\
\text{2}^e\text{ reste . . . . . } +8x^4 - 12x^3 & \\
\text{3}^e\text{ reste . . . . } -12x^5 + 12x - 4 &
\end{array}
\left.\begin{array}{l} \\ \\ \\ \end{array}\right\}
\begin{array}{l}
\text{PARTIE ENTIÈRE} \\
\text{de la racine carrée.} \\
2x^4 - 3x + 2
\end{array}
$$

149. Voici quelques exercices d'extraction de racine carrée

Polynomes donnés.	Racines carrées.
$x^4 + 4ax^3 + 6a^2x^2 + 4a^3x + a^4$	$x^2 + 2ax + a^2$
$16x^4 - 16ax^3 + 28a^2x^2 - 12a^3x + 9a^4$ . .	$4x^2 - 2ax + 3a^2$
$4a^2x^4 - 12a^3x^3 + 9a^4x^2 + 16a^3c^3x^2 - 24a^4c^3x$ $+ 16a^4c^6$.	$2ax^2 - 3a^2x + 4a^2c^3$
$a^6 - 6a^5b + 15a^4b^2 - 20a^3b^3 + 15a^2b^4 - 6ab^5 + b^6$	$a^3 - 3a^2b + 3ab^2 - b^3$
$x^6 + 4x^5 - 10x^3 + 4x + 1$	$x^3 + 2x^2 - 2x - 1$

$$
\left.
\begin{array}{l|l|l|l}
\begin{array}{l}25 + 10ax + a^2 \\ -10a \\ -20\end{array} &
\begin{array}{l}x^2 - 2a^2 \\ -4a\end{array} &
\begin{array}{l}x^3 + a^2 \\ +4a \\ +4\end{array} &
x^4
\end{array}
\right\}
\begin{array}{l|l}
5 + ax - a & x^2 \\
-2 &
\end{array}
$$

$$
\left.
\begin{array}{l|l|l|l|l|l}
\begin{array}{l}a^2 \\ -6a \\ +9\end{array} &
\begin{array}{l}-2ab \\ +6b\end{array} &
\begin{array}{l}x - 2a^2 \\ +6a \\ +2ab \\ -6b \\ +b^2\end{array} &
\begin{array}{l}x^2 + 2ab \\ -2b^2\end{array} &
\begin{array}{l}x^3 + a^2 \\ -2ab \\ +b^2\end{array} &
x^4
\end{array}
\right\}
\begin{array}{l|l}
a - 3 - bx - a & x^2 \\
+b &
\end{array}
$$

EXTRACTION DE LA RACINE CARRÉE

d'un polynome dont plusieurs termes contiennent la lettre ordonnatrice avec le même exposant.

$$(4a^2-12a+9)-12a^2 \mid x+ 4a^3 \mid x^2- 6a^3 \mid x^3+ a^4 \mid x^4$$
$$+38a \mid +11a^2 \mid -2a^2 \mid +4a^3$$
$$-30 \mid -50a \mid +32a \mid -8a$$
$$+37 \mid -20 \mid +4$$

$$20a \mid x+ 4a^3 \mid x^2 \quad \ldots \ldots$$
$$-30 \mid +2a^2$$
$$-50a$$
$$+37$$

$$+4a^3 \mid x^2 \quad \ldots \ldots$$
$$+2a^2$$
$$-20a$$
$$+12$$

$$+8a^2 \mid x^2-12a^2 \mid x^3+4a^3 \mid x^4$$
$$-20a \mid +32a \mid -8a$$
$$+12 \mid -20 \mid +4$$

$$-8a \mid x^2+12a \mid x^3-4a \mid x^4$$
$$+12 \mid -20 \mid -8a$$
$$+4$$

$$0$$

$$(2a-3)-3a \mid x+ a^2 \mid x^2$$
$$+5 \mid +2a$$
$$-2$$

$$4a-3$$
$$-3$$

$$4a-6-3ax$$
$$-3ax$$

$$4a-6-6ax+ 5x$$
$$+5x$$

$$4a-6-6ax+10x+a^2x^2$$
$$+a^2x^2$$

$$4a-6-6ax+10x+2a^2x^2+2ax^2$$
$$+2ax^2$$

$$4a-6-6ax+10x+2a^2x^2+4ax^2-2x^2$$
$$-2x^2$$

DES RADICAUX DU SECOND DEGRÉ.

150. On ne peut obtenir exactement la racine carrée d'u
monome, qui renferme des exposants impairs ou un coefficie
qui n'est pas un carré parfait.

On ne peut non plus obtenir exactement la racine carr
d'un polynome, lorsque le terme qui contient une lettre que
conque avec le plus fort ou avec le plus faible exposant, n'e
pas un carré parfait précédé du signe $+$.

Dans l'un et l'autre cas, on indique la racine au moyen d
signe $\sqrt{}$, et on donne au résultat le nom de *radical du*
degré, ou encore de quantité *irrationnelle*. **EXEMPLES.**

$$[1] \quad . \quad . \quad \sqrt{8a^4b^3c}, \qquad \sqrt{a^3 - a^2b - ab^2 + b^3}.$$

Par opposition, les quantités qui ne sont pas affectées d
signe $\sqrt{}$, sont appelés *rationnelles*.

151. Par radicaux *semblables,* on entend ceux qui contie
nent exactement la même quantité sous le signe $\sqrt{}$, et qui pe
vent différer par les facteurs extérieurs, qu'on appelle *coeff*
cients.

Tels sont $\sqrt{2bc}$, $\quad 3\sqrt{2bc}$, $\quad -ab\sqrt{2bc}$.

152. ADDITION ET SOUSTRACTION des radicaux du 2ᵉ degr
Lorsque des radicaux entrent dans le calcul par voie d'addi
tion et de soustraction, on ne peut qu'indiquer les opératio
lorsqu'ils sont dissemblables. Mais quand ils sont semblable
on peut les réunir en un seul, en réduisant leurs coefficients.

EXEMPLE I. $7\sqrt{2ab} - 3\sqrt{2ab} + 8\sqrt{2ab} - 5\sqrt{2ab} = 7\sqrt{2ab}$

EXEMPLE II. $7a\sqrt{2ab} - 6b\sqrt{2ab} - 6a\sqrt{2ab} + 5b\sqrt{2ab} = (a-b)\sqrt{2a}$

EXEMPLE III. $4a^2\sqrt{2a} - 3ab\sqrt{2a} + b^2\sqrt{2a} - ab\sqrt{2a} = (2a-b)^2\sqrt{2}$

153. **MULTIPLICATION** des radicaux du 2e degré. Soient A et B quantités quelconques; on aura

$$(\sqrt{A}\times\sqrt{B})^2=\sqrt{A}\times\sqrt{A}\times\sqrt{B}\times\sqrt{B}=(\sqrt{A})^2(\sqrt{B})^2=A\times B.$$

En extrayant les racines carrées de part et d'autre, on a

$$\sqrt{A}\times\sqrt{B}=\sqrt{A\times B}.$$

On prouverait de la même manière l'égalité

$$(A\sqrt{B})\times(C\sqrt{D})=(A\times C)\sqrt{B\times D}.$$

Ainsi, *pour avoir le produit de deux radicaux, on fait produit des quantités placées sous le signe radical, affecte le résultat du même signe, et devant on écrit produit des coefficients des radicaux donnés.*

Appliquons cette règle à quelques exemples.

$$\sqrt{2a^3b}\times\sqrt{2ab^3}=\sqrt{2a^3b\times 2ab^3}=\sqrt{4a^4b^4}=2a^2b^2$$

$$3a\sqrt{8ab}\times 5b\sqrt{2ab}=15ab\sqrt{16a^2b^2}=15ab\times 4ab=60a^2b^2$$

$$(\sqrt{2}+\sqrt{3})\times(\sqrt{5}+\sqrt{7})=\sqrt{10}+\sqrt{15}+\sqrt{14}+\sqrt{21}$$

$$(\sqrt{5}+\sqrt{3})\times(\sqrt{10}+\sqrt{6})=\sqrt{50}+2\sqrt{30}+\sqrt{18}$$

$$(\sqrt{5}+\sqrt{3})\times(\sqrt{10}-\sqrt{6})=\sqrt{50}-\sqrt{18}$$

$$(5\sqrt{5}+3\sqrt{3})\times(\sqrt{5}+\sqrt{3})=34+8\sqrt{15}.$$

154. **DIVISION** des radicaux du 2e degré. On a

$$\left(\frac{\sqrt{A}}{\sqrt{B}}\right)^2=\frac{\sqrt{A}}{\sqrt{B}}\times\frac{\sqrt{A}}{\sqrt{B}}=\frac{\sqrt{A}\times\sqrt{A}}{\sqrt{B}\times\sqrt{B}}=\frac{A}{B};\quad \text{d'où}\quad \frac{\sqrt{A}}{\sqrt{B}}=\sqrt{\frac{A}{B}}$$

Ainsi *on obtient le quotient de deux radicaux, en divisant l'une par l'autre les quantités placées sous le signe radical, et en affectant le résultat du même signe.*

On a ainsi $\dfrac{\sqrt{8a^3b}}{\sqrt{2ab^3}}=\sqrt{\dfrac{8a^3b}{2ab^3}}=\sqrt{\dfrac{4a^2}{b^2}}=\dfrac{2a}{b}.$

N. B. On voit par les exemples précédents 1° que *le produit et le quotient de deux radicaux de 2e degré peuvent être rationnels; 2e que la somme et la différence de deux radicaux du 2e degré sont toujours des quantités irrationnelles.*

155. Les radicaux sont susceptibles de plusieurs transfor...
tions remarquables.

Ire TRANSFORMATION. *Faire passer un facteur hors*...
signe radical.

Il s'agit d'extraire la racine carrée du plus grand carré c...
tenu dans la quantité sous le radical.

Quelques exemples serviront à montrer la marche des...
culs.

$$\sqrt{8a^4b^3c} = \sqrt{4a^4b^2 \times 2bc} = \sqrt{4a^4b^2} \times \sqrt{2bc} = 2a^2b\sqrt{2bc}$$

$$\sqrt{a^3 - a^2b - ab^2 + b^3} = \sqrt{(a-b)(a^2-b^2)} = \sqrt{(a-b)(a-b)(a+b)}$$
$$= (a-b)\sqrt{a+b}.$$

$$\sqrt{12 + \sqrt{32}} = \sqrt{12 + \sqrt{16 \times 2}} = \sqrt{12 + 4\sqrt{2}} = \sqrt{4(3 + \sqrt{2})}$$
$$= 2\sqrt{3 + \sqrt{2}}.$$

IIme TRANSFORMATION. *Faire passer le dénominate*...
d'une fraction hors du signe radical.

Pour cela, on introduit aux deux termes de la fraction...
facteurs nécessaires pour rendre le dénominateur un carré p...
fait. EXEMPLES.

$$\sqrt{\frac{b}{8c^3}} = \sqrt{\frac{2bc}{16c^4}} = \frac{\sqrt{2cb}}{\sqrt{16c^4}} = \frac{1}{4c^2}\sqrt{2bc};$$

$$\sqrt{\frac{2c}{a^2b^{-1} - 2a + b}} = \sqrt{\frac{2bc}{a^2 - 2ab + b^2}} = \frac{1}{a-b}\sqrt{2bc}.$$

IIIme TRANSFORMATION. *Ramener une fraction dont*...
dénominateur renferme des radicaux, à avoir un dé...
nominateur rationnel.

Deux cas peuvent se présenter.

1° Le dénominateur peut être un monome. Alors tout...
réduit à introduire aux deux termes de la fraction les facte...

...essaires pour rendre la quantité sous le radical un carré par...

... **Exemple.**

$$\frac{a}{\sqrt{2b^3c}} = \frac{a\sqrt{2bc}}{\sqrt{2b^3c} \times \sqrt{2bc}} = \frac{a\sqrt{2bc}}{\sqrt{4b^4c^2}} = \frac{a}{2b^2c}\sqrt{2bc}.$$

2° Le dénominateur peut être un polynome, comme dans

$$[1] \quad \cdots \cdots \quad \frac{12}{\sqrt{3}+\sqrt{5}-\sqrt{2}}.$$

Alors on change le signe d'un radical, celui de $-\sqrt{2}$, par exemple; ce qui donne $\sqrt{3}+\sqrt{5}+\sqrt{2}$; puis on multiplie les deux termes de la fraction par ce résultat; et on a

$$\frac{12(\sqrt{3}+\sqrt{5}+\sqrt{2})}{(\sqrt{3}+\sqrt{5})^2-(\sqrt{2})^2} = \frac{12(\sqrt{3}+\sqrt{5}+\sqrt{2})}{3+2\sqrt{3\times5}+5-2} = \frac{6(\sqrt{3}+\sqrt{5}+\sqrt{2})}{\sqrt{15}+3}$$

Maintenant on multiplie par $\sqrt{15}-3$, et il vient

$$\frac{6(\sqrt{3\times15}+\sqrt{5\times15}+\sqrt{2\times15}-3\sqrt{3}-3\sqrt{5}-3\sqrt{2})}{(\sqrt{15})^2-3^2}$$

Effectuant les calculs, on aura

$$2\sqrt{3}+\sqrt{30}-3\sqrt{2}.$$

Remarque. Lorsque le dénominateur est formé de quatre radicaux, comme dans

$$\frac{2}{\sqrt{5}+\sqrt{6}+\sqrt{3}+\sqrt{2}}$$

On change les signes de deux radicaux, et on a

$$\frac{2(\sqrt{5}+\sqrt{6}-\sqrt{3}-\sqrt{2})}{(\sqrt{5}+\sqrt{6})^2-(\sqrt{3}+\sqrt{2})^2} = \frac{\sqrt{5}+\sqrt{6}-\sqrt{3}-\sqrt{2}}{3+\sqrt{30}-\sqrt{6}}.$$

On retombe ainsi dans le cas précédent.

156. En appliquant ces transformations, on trouve

$$\sqrt{800}+\frac{10}{2+\sqrt{2}}+\frac{40}{\sqrt{32}}-\sqrt{\tfrac{1}{18}}=10+\frac{119}{6}\sqrt{2}.$$

157. IVme TRANSFORMATION. *Réduire une expression tel* que $\sqrt{A + \sqrt{B}}$ *à la forme* $\sqrt{a} + \sqrt{b}$.

Considérons a et b comme des inconnues et posons

$$\sqrt{a} + \sqrt{b} = \sqrt{A + \sqrt{B}}.$$

En élevant chaque membre au carré, on a

$$a + 2\sqrt{ab} + b = A + \sqrt{B}.$$

D'où $\qquad a + b - A = \sqrt{B} - \sqrt{4ab}.$

Pour satisfaire à cette égalité, il suffit de poser à la fois

$$[1] \quad \ldots \ldots \ldots \quad a + b = A, \quad 4ab = B.$$

Retranchant la 2e de ces égalités du carré de la 1re, on

$$a^2 - 2ab + b^2 = A^2 - B ;$$

d'où l'on tire, en extrayant la racine carrée de chaque membre

$$[2] \quad \ldots \ldots \quad a - b = \sqrt{A^2 - B}.$$

Des formules [1] et [2] on déduit

$$a = \tfrac{1}{2}A + \tfrac{1}{2}\sqrt{A^2 - B}, \qquad b = \tfrac{1}{2}A - \tfrac{1}{2}\sqrt{A^2 - B}.$$

Pour que les valeurs de a et de b soient rationnelles, il faut il suffit que $A^2 - B$ soit égal à un carré. Toutes les fois donc que cette condition est remplie, la transformation demandée peut s'opérer.

Par des raisonnements tout à fait semblables on prouvera que les valeurs de a et de b, trouvées ci-dessus, servent aussi transfórmer $\sqrt{A - \sqrt{B}}$ en $\sqrt{a} - \sqrt{b}$. De sorte qu'en posant $A^2 - B = C^2$, on a les formules générales

$$C = \sqrt{A^2 - B}, \qquad \sqrt{A \pm \sqrt{B}} = \sqrt{\frac{A + C}{2}} \pm \sqrt{\frac{A - C}{2}}$$

158. Voici quelques transformations à effectuer :

$$\sqrt{8 + \sqrt{60}} = \sqrt{5} + \sqrt{3} ; \qquad \sqrt{6 - 4\sqrt{2}} = 2 - \sqrt{2}$$

$$\sqrt{2 + \sqrt{3}} = \sqrt{\tfrac{3}{2}} + \sqrt{\tfrac{1}{2}} ; \qquad \sqrt{\tfrac{7}{6} - 2\sqrt{\tfrac{1}{3}}} = \sqrt{\tfrac{2}{3}} - \sqrt{\tfrac{1}{2}}$$

$$\sqrt{\tfrac{7}{3}-4\sqrt{\tfrac{1}{3}}}=2\sqrt{\tfrac{1}{3}}-1 \qquad 2\sqrt{3+\tfrac{1}{2}\sqrt{35}}=\sqrt{7}+\sqrt{5}$$

$$\sqrt{2ab+3ac+2a\sqrt{6bc}}=\sqrt{2ab}+\sqrt{3ac}$$

$$\sqrt{2x+2\sqrt{x^2-y^2}}=\sqrt{x+y}+\sqrt{x-y}$$

$$\sqrt{2x^2+y^2+2x\sqrt{x^2+y^2}}=x+\sqrt{x^2+y^2}$$

$$\sqrt{x^2-2ax+a^2+2\sqrt{2ax^3-8a^2x^2+2a^3x}}=\sqrt{2ax}+\sqrt{x^2-4ax+a^2}$$

159. Lorsqu'on veut obtenir, à une approximation donnée, la *valeur numérique* d'une expression qui renferme des radicaux, on prépare cette expression de telle manière, qu'après l'extraction de la racine carrée, on n'ait plus à combiner les résultats que par voie d'addition et de soustraction.

Par exemple, qu'on ait l'expression

$$[1] \qquad \frac{12}{\sqrt{5}-\sqrt{3}}+\sqrt{155+40\sqrt{15}}-\frac{10}{\sqrt{20}},$$

dont on demande la valeur numérique à moins de 0,01.

Les transformations que nous avons exposées précédemment donnent

$$\frac{12}{\sqrt{5}-\sqrt{3}}=6\sqrt{5}+6\sqrt{3};\ \sqrt{155+40\sqrt{15}}=4\sqrt{5}+5\sqrt{3};\ \frac{10}{\sqrt{20}}=\sqrt{5}$$

Par suite, l'expression proposée devient

$$6\sqrt{5}+6\sqrt{3}+4\sqrt{5}+5\sqrt{3}-\sqrt{5}=9\sqrt{5}+11\sqrt{3}.$$

Maintenant, on fait entrer les coefficients des radicaux sous le signe $\sqrt{\ }$, en les élevant au carré, et l'on a

$$\sqrt{9^2\times5}+\sqrt{11^2\times3}=\sqrt{405}+\sqrt{363}$$

Enfin, on extrait les racines carrées de 405 et 363, et l'on trouve

$$\sqrt{405}=20,12 \qquad \text{à moins de } 0,01$$
$$\sqrt{363}=19,05 \qquad \text{à moins de } 0,01.$$

Ajoutant ces deux résultats, on a 39,17 pour la valeur approchée de l'expression [1].

DOUBLE SIGNE DE LA RACINE CARRÉE.

QUANTITÉS IMAGINAIRES.

160. *La racine carrée d'une quantité positive a deux valeurs algébriques égales et de signes contraires.*

Effectivement, le produit de $-a$ par $-a$ est $+a^2$, aussi bien que celui de $+a$ par $+a$; donc la racine carrée de a^2 est aussi bien $-a$ que $+a$.

Pour représenter ces deux valeurs d'une manière abrégée, on écrit,

$$\sqrt{a^2} = \pm\, a.$$

Pour cette raison, *tout radical du 2e degré qui n'a pas de signe écrit, est censé précédé du double signe $\pm$.*

Ainsi $\sqrt{a}$ est la même chose que $\pm\, \sqrt{a}$.

De même $\sqrt{x^6 + 4x^5 - 10x^3 + 4x + 1} = \pm(x^3 + 2x^2 - 2x - 1)$.

161. Il n'existe aucune quantité, soit positive, soit négative, qui, élevée au carré, puisse donner un résultat négatif. La racine carrée d'une quantité négative n'existe donc pas : une expression telle que $\sqrt{-16}$ est donc le symbole d'une opération impossible, et pour cette raison on la qualifie d'*imaginaire*.

Par opposition, les quantités positives et négatives, rationnelles ou irrationnelles, sont appelées *réelles*.

Telles sont $\pm\, a$, $\pm\, \sqrt{a}$.

On a essayé de soumettre les expressions imaginaires au calcul algébrique, et on leur a conservé le nom de *quantités*, quoique ce ne soient pas des quantités dans le sens rigoureux du mot.

162. D'après la définition de la racine carrée, on doit avoir

$$(\sqrt{-a})^2 = -\, a.$$

Ainsi, *le carré d'une imaginaire du 2e degré est négatif et réel.*

163. D'après des règles connues, on obtient successivement

$$\sqrt{-a^2} = \sqrt{a^2 \times -1} = \sqrt{a^2} \times \sqrt{-1} = a\,\sqrt{-1}.$$

En sorte qu'on a $\qquad \sqrt{-a^2} = a\sqrt{-1}$;

On a de même $\qquad \sqrt{-a} = \sqrt{a}\sqrt{-1}$.

Ainsi, *une imaginaire du 2e degré peut se transformer en un produit de deux facteurs, l'un réel et l'autre égal à $\sqrt{-1}$.*

Les deux principes que nous venons d'établir sont la base du calcul des quantités imaginaires.

164. Pour découvrir les règles du calcul des imaginaires, on leur fait préalablement subir la transformation, dont nous venons de parler (n° 163). Sans cette attention, on serait souvent conduit à des résultats inexacts. Pour exemple, prenons le produit

$$\sqrt{-a} \times \sqrt{-b}.$$

D'après les règles ordinaires, on aurait $\sqrt{-a}\,\sqrt{-b} = \sqrt{-a \times -b} = \sqrt{ab}$. Mais en transformant préalablement les imaginaires, on obtient,

$$\sqrt{-a}\,\sqrt{-b} = (\sqrt{a}\,\sqrt{-1})(\sqrt{b}\,\sqrt{-1}) = \sqrt{-1}\,\sqrt{-1}\,\sqrt{a}\,\sqrt{b}$$
$$= (\sqrt{-1})^2\,\sqrt{ab} = -\sqrt{ab}.$$

Ici on voit que le *produit de deux radicaux imaginaires du 2e degré est négatif et réel.*

165. Ordinairement on ne considère, en algèbre, que les expressions imaginaires de la forme $a+b\sqrt{-1}$.

La *somme* et la *différence* de deux expressions de cette forme sont évidemment des expressions de même forme.

Nous allons faire voir qu'il en est de même du *produit* et du *quotient*. Effectivement les règles du calcul donnent,

$$(2+3\sqrt{-1})(5+7\sqrt{-1}) = 2\times5 + 5\times3\sqrt{-1} + 2\times7\sqrt{-1} + 3\times7(\sqrt{-1})^2$$
$$= 10 + 15\sqrt{-1} + 14\sqrt{-1} - 21 = -11 + 29\sqrt{-1}.$$

$$\frac{10+15\sqrt{-1}}{1+2\sqrt{-1}} = \frac{(10+15\sqrt{-1})\times(1-2\sqrt{-1})}{(1+2\sqrt{-1})\times(1-2\sqrt{-1})} = 8 - \sqrt{-1}.$$

166. Par *imaginaires conjuguées* on entend deux ex-

pressions imaginaires qui ne diffèrent que par le signe du radical. Telles sont

$$[1] \qquad a+b\sqrt{-1}, \qquad a-b\sqrt{-1}.$$

Le produit de ces deux expressions est une quantité réelle a^2+b^2. La valeur numérique de la racine carrée de a^2+b^2 est ce qu'on nomme le *module* des expressions [1].

167. Nous ne nous étendrons pas davantage sur le calcul des imaginaires. Nous nous contenterons d'en donner ici quelques applications, afin de montrer le parti que l'on peut tirer de l'emploi de ces expressions dans la recherche des propriétés des nombres.

Considérons le produit

$$(a+b\sqrt{-1})\,(a-b\sqrt{-1})\,(c+d\sqrt{-1})\,(c-d\sqrt{-1}).$$

1° En multipliant entre eux les deux premiers facteurs, puis les deux derniers, le produit proposé prendra la forme

$$(a^2+b^2)\,(c^2+d^2).$$

2° En multipliant entre eux le 1er facteur et le 3e, puis le 2e et le 4e, le produit proposé deviendra successivement.

$$[(ac-bd)+(ad+bc)\sqrt{-1}]\times[(ac-bd)-(ad+bc)\sqrt{-1}]$$

$$=(ac-bd)^2-(ad+bc)^2\sqrt{(-1)^2}=(ac-bd)^2+(ad+bc)^2.$$

Or comme le produit proposé ne change pas de valeur, dans quelque ordre qu'on multiplie ses facteurs, il faut qu'il y ait égalité entre les deux expressions

$$(a^2+b^2)\,(c^2+d^2) \qquad\qquad (ac-bd)^2+(ad+bc)^2.$$

Et, en effet, ces deux expressions sont équivalentes, comme on peut s'en convaincre, en effectuant les opérations.

Si, dans ces deux expressions, on change c en d et d en c, il est évident que la première ne changera pas de valeur; il en sera donc de même de la seconde, et nous aurons

$$a^2+b^2)(c^2+d^2)=(ac-bd)^2+(ad+bc)^2$$
$$(a^2+b^2)(d^2+c^2)=(ad-bc)^2+(ac+bd)^2.$$

Ces expressions démontrent le théorème suivant :

La somme de deux carrés, multipliée par la somme de deux autres carrés, donne un produit qui est aussi la somme de deux carrés ; de plus, ce produit peut être décomposé en deux carrés de deux manières différentes.

EXEMPLE. $(1^2+2^2)(2^2+3^2)=4^2+7^2=1^2+8^2$.

168. Soit maintenant le produit

$$(\sqrt{a}+\sqrt{-b})(\sqrt{a}-\sqrt{-b})(\sqrt{c}+\sqrt{-d})(\sqrt{c}-\sqrt{-d}).$$

Si l'on multiplie entre eux les deux premiers facteurs, puis es deux derniers, le produit proposé deviendra

$$(a+b)(c+d) \quad \text{ou} \quad ac+bc+ad+bd \dots \dots [1]$$

Si l'on multiplie entre eux le 1er facteur et 3e, puis le 2e et e 4e, on trouvera, réductions faites,

$$(\sqrt{ac}-\sqrt{bd})^2+(\sqrt{ad}+\sqrt{bc})^2 \dots \dots [2]$$

Il est aisé de vérifier que cette expression est équivalente à l'expression (1), en effectuant les opérations.

Pour que l'expression (2) soit un nombre rationnel, il faut que les produits ac, bc, ad, bd soient des carrés parfaits.

L'égalité des expressions (1) et (2) montre que *si quatre nombres sont tels que les produits des deux premiers par chacun des deux autres sont des carrés parfaits, la somme de ces quatre carrés donne un nombre qui est la somme de deux carrés.*

EXEMPLE. $(32+2)(8+2) = 340 = 12^2 + 14^2$.

N. B. Il est évident que l'égalité des expressions (1) et (2) ne sera pas détruite, si l'on change c en a, et d en b; ce qui réduira l'expression (1) à $(a+b)^2$. Et l'on en conclut que si *le produit de deux nombres* a *et* b *est un carré, le carré de la somme de ces nombres sera la somme de deux carrés.*

EXEMPLE. $(8+2)^2=100=8^2+6^2$.

CHAPITRE VII.

ÉQUATIONS DU SECOND DEGRE.

169. Par l'évanouissement des dénominateurs, la transposition et la réduction, toute équation du 2e degré à une inconnue peut être ramenée à l'une des formes que voici :

$$A x^2 = B, \quad A x^2 + B x = C;$$

A, B, C étant des quantités entières quelconques, positives ou négatives.

La 1re équation qui ne contient que le carré de l'inconnue est dite *incomplète*.

La 2e, dans laquelle l'inconnue est au 2e degré et au 1er, est dite *complète*.

170. Occupons-nous d'abord de l'équation incomplète $A x^2 = B$.

Divisons chaque membre par A, et représentons par q le quotient de B par A; alors il vient

$$x^2 = q.$$

En extrayant la racine carrée de chaque membre, et rappelant que toute racine carrée doit avoir le double signe $\pm$ (n° 160), on a

$$\pm x = \pm \sqrt{q},$$

De là on tire ces quatre combinaisons

$$[1] \ldots +x = +\sqrt{q}, \quad +x = -\sqrt{q} \ldots [2]$$
$$[3] \ldots -x = -\sqrt{q}, \quad -x = +\sqrt{q} \ldots [4]$$

Ces quatre désignations se réduisent évidemment à deux; car, en changeant les signes dans les deux membres, la 3me rentre dans la 1re, et la 4me dans la 2e; de sorte qu'on n'a réelle-

...ent que les deux valeurs $+x = +\sqrt{q}$ et $+x = -\sqrt{q}$, que l'on représente en abrégé, en écrivant

$$x = \pm\sqrt{q},$$

Nous allons démontrer maintenant que l'équation $x^2 = q$ n'admet point d'autre valeur que ces deux là. En effet, cette équation peut s'écrire successivement

$$x^2 - q = 0, \qquad x^2 - (\sqrt{q})^2 = 0, \qquad (x + \sqrt{q})(x - \sqrt{q}) = 0.$$

Sous cette dernière forme, on reconnait immédiatement que toute valeur de x qui ne serait ni $+\sqrt{q}$, ni $-\sqrt{q}$, ne rendrait nul aucun des facteurs du produit $(x + \sqrt{q})(x - \sqrt{q})$; donc elle ne saurait rendre nul ce produit lui-même, et par conséquent elle ne pourrait satisfaire à l'équation proposée.

Ainsi, en résumé, *pour résoudre une équation incomplète du 2e degré à une inconnue* x, *on ramène cette équation à la forme* x² = q, *puis on égale* x *à la racine carrée de* q, *précédée du double signe* ±.

EXEMPLE I.

$$45 + \frac{45}{x} - \frac{1}{x}\left(45 + \frac{45}{x}\right) = 40$$

$$45 + \frac{45}{x} - \frac{45}{x} - \frac{45}{x^2} = 40$$

$$45 - \frac{45}{x^2} = 40$$

$$45x^2 - 45 = 40x^2$$

$$45x^2 - 40x^2 = 45$$

$$5x^2 = 45$$

$$x^2 = 9$$

$$x = \pm 3.$$

Vérification de $x = +3.$	Vérification de $x = -3.$
$45 + \dfrac{45}{3} - \dfrac{1}{3}\left(45 + \dfrac{45}{3}\right) = 40$	$45 - \dfrac{45}{3} + \dfrac{1}{3}\left(45 - \dfrac{45}{3}\right) = 40$
$45 + 15 - \dfrac{1}{3}(45 + 15) = 40$	$45 - 15 + \dfrac{1}{3}(45 - 15) = 40$
$60 - \dfrac{60}{3} = 40$	$30 + \dfrac{30}{3} = 40$
$60 - 20 = 40$	$30 + 10 = 40$

EXEMPLE II. $(a^2+x)(a^2-x)=(ax+1)(ax-1)+2a(x^2+a)$

$$a^4-x^2=a^2x^2-1+2ax^2+2a^2$$

$$-x^2-a^2x^2-2ax^2=-1+2a^2-a^4$$

$$x^2+a^2x^2+2ax^2=1-2a^2+a^4$$

$$(1+2a+a^2)x^2=1-2a^2+a^4$$

$$x^2=\frac{1-2a^2+a^4}{1+2a+a^2}=1-2a+a^2$$

$$x=\pm\sqrt{1-2a+a^2}=\pm(1-a);$$

donc $\qquad x=1-a$ et $x=a-1.$

EXEMPLE III. $\dfrac{x^2+2x+4}{11+x}=2.$

$$x^2+2x+4=22+2x$$

$$x^2=18$$

$$x=\pm3\sqrt{2}$$

EXEMPLE IV. $\dfrac{x^2+ax+a^2}{x-a}=a$

$$x^2+ax+a^2=ax-a^2$$

$$x^2=-2a^2$$

$$x=\pm a\sqrt{-2}$$

ÉQUATIONS A RÉSOUDRE. SOLUTIONS.

$(2x+13)(13-2x)=(x+11)(11-x)$ . . . . . . $x=\pm4$

$(2x+7)(2x-7)=(x+1)(x-1)$ . . . . . . $x=\pm4$

$\dfrac{(x-2)(x+2)}{5}=\left(\dfrac{x}{3}\right)^2$ . . . . $x=\pm3$

$\dfrac{x}{x-2}=\dfrac{4x+8}{3x}$ . . . . $x=\pm4$

$\dfrac{x^2-5x+4}{8-x}=5$ . . . . $x=\pm6$

$\left(a+\dfrac{a}{x}\right)\left(a-\dfrac{a}{x}\right)=(a+b)(a-b)$ . . . . . $x=\pm\dfrac{a}{b}$

$\dfrac{1}{4+x}=\dfrac{1}{3-x}+2$ . . . . $x=\pm\dfrac{5}{\sqrt{2}}$

171. D'après ce qui précède, on résoudra facilement l'équation

$$\frac{x^2+10x+25}{x^2} = \frac{9}{4} \quad \ldots \ldots \ldots \quad [1]$$

On remarque que le numérateur $x^2+10x+25$ est le carré de $x+5$. On peut donc remplacer l'équation proposée par celle-ci

$$\frac{(x+5)^2}{x^2} = \frac{9}{4}, \quad \text{qui revient à} \quad \left(\frac{x+5}{x}\right)^2 = \frac{9}{4} \quad \ldots \quad [2]$$

En extrayant la racine carrée de chaque membre de l'équation [2], on obtient

$$\pm\left(\frac{x+5}{x}\right) = \pm\sqrt{\frac{9}{4}} = \pm\frac{3}{2};$$

Ce qui donne les quatre combinaisons :

$$\frac{x+5}{x} = \frac{3}{2}; \quad \frac{x+5}{x} = -\frac{3}{2}; \quad -\frac{x+5}{x} = \frac{3}{2}; \quad -\frac{x+5}{x} = -\frac{3}{2}.$$

Les deux dernières expressions rentrent dans les deux premières, quand on y change les signes des deux membres ; en sorte qu'on n'a réellement que deux déterminations distinctes, à savoir :

$$\frac{x+5}{x} = \frac{3}{2} \quad \text{et} \quad \frac{x+5}{x} = -\frac{3}{2};$$

De là on tire respectivement

$$
\begin{array}{ll}
2x+10=3x & \quad 2x+10=-3x \\
2x-3x=-10 & \quad 2x+3x=-10 \\
\quad -x=-10 & \quad 5x=-10 \\
\quad x=10 & \quad x=-2
\end{array}
$$

Les valeurs $x=10$, $x=-2$ satisfont toutes deux à l'équ. [1].

REMARQUE. On voit, par ce qui précède, que, *quand on extrait la racine carrée des deux membres d'une équation, il suffit de placer le double signe $\pm$ devant l'un des membres seulement.*

Les valeurs de l'inconnue, dans une équation d'un degré supérieur au 1er, ne pouvant s'obtenir que par une extraction de racine, sont appelées *racines* de l'équation.

6.

RÉSOLUTION DES ÉQUATIONS COMPLÈTES A UNE INCONNUE.

172. Occupons-nous maintenant de résoudre l'équation

$$A x^2 + B x = C.$$

En divisant tous les termes par A, représentant par p le quotient de B par A, et par q le quotient de C par A. L'équation proposée se ramène à cette forme générale

$$x^2 + p x = q ; \quad \dots \dots \dots \quad [1]$$

p et q sont des quantités quelconques, entières ou fractionnaires, positives ou négatives; mais le 1er terme x^2 est toujours censé positif; car s'il avait le signe —, on changerait les signes de tous les termes de l'équation.

Il s'agit maintenant de préparer cette équation de telle manière que son 1er membre devienne un carré parfait. Pour cela il suffit d'ajouter $\frac{1}{4} p^2$ à chaque membre; ce qui donne

$$x^2 + p x + \tfrac{1}{4} p^2 = q + \tfrac{1}{4} p^2.$$

On remarque que $p x$ est la même chose que $2 x \times \frac{1}{2} p$.

Le 1er membre renferme par conséquent le carré de x, le double produit de x par $\frac{1}{2} p$, plus le carré de $\frac{1}{2} p$. Ce 1er membre est donc le carré du binome $x + \frac{1}{2} p$.

Par conséquent on peut écrire

$$(x + \tfrac{1}{2} p)^2 = q + \tfrac{1}{4} p^2$$

De là on tire
$$x + \tfrac{1}{2} p = \pm \sqrt{q + \tfrac{1}{4} p^2};$$

Par suite
$$x = - \tfrac{1}{2} p \pm \sqrt{q + \tfrac{1}{4} p^2} \quad \dots \dots \quad [2]$$

On a ainsi deux racines

$$x = - \tfrac{1}{2} p + \sqrt{q + \tfrac{1}{4} p^2} \quad \text{et} \quad x = - \tfrac{1}{2} p - \sqrt{q + \tfrac{1}{4} p^2}$$

Nous allons maintenant démontrer que l'équ. [1] n'admet pas d'autre racine que ces deux-là. En effet, cette équation peut s'écrire successivement

$$x^2 + px - q = 0$$
$$x^2 + px + \tfrac{1}{4}p^2 - \tfrac{1}{4}p^2 - q = 0$$
$$(x + \tfrac{1}{2}p)^2 - (\tfrac{1}{4}p^2 + q) = 0$$
$$(x + \tfrac{1}{2}p)^2 - (\sqrt{\tfrac{1}{4}p^2 + q})^2 = 0$$
$$(x + \tfrac{1}{2}p + \sqrt{\tfrac{1}{4}p^2 + q})(x + \tfrac{1}{2}p - \sqrt{\tfrac{1}{4}p^2 + q}) = 0.$$

Sous cette forme on voit que toute valeur de x qui ne serait ni $-\tfrac{1}{2}p - \sqrt{\tfrac{1}{4}p^2 + q}$, ni $-\tfrac{1}{2}p + \sqrt{\tfrac{1}{4}p^2 + q}$, ne rendrait nul aucun des facteurs de ce produit; et ne saurait rendre nul le produit lui-même; donc elle ne conviendrait pas à l'équation proposée. Ce qu'il fallait démontrer.

173. En comparant la formule [2] à l'équ. [1], on est conduit à cette règle générale :

Dans toute équation de la forme $x^2 + px = q$. (quels que soient les signes de p et de q), la valeur de l'inconnue est égale à la moitié du coefficient du 2e terme pris avec un signe contraire, plus ou moins la racine carrée du carré de cette moitié réuni au terme connu du second membre.

EXEMPLE I. $\dfrac{12 - x}{7 - x} = x$

$$x^2 - 8x = -12$$
$$x = 4 \pm \sqrt{4^2 - 12}$$
$$x = 4 \pm \sqrt{16 - 12}$$
$$x = 4 \pm \sqrt{4}$$
$$x = 4 \pm 2$$
$$x = \begin{cases} 4 + 2 = 6 \\ 4 - 2 = 2 \end{cases}$$

EXEMPLE II. $\dfrac{7 + x}{8} = \dfrac{5}{6 - x}$

$$x^2 + x = 2$$
$$x = -\tfrac{1}{2} \pm \sqrt{2 + \tfrac{1}{4}}$$
$$x = -\tfrac{1}{2} \pm \sqrt{\tfrac{8}{4} + \tfrac{1}{4}}$$
$$x = -\tfrac{1}{2} \pm \sqrt{\tfrac{9}{4}}$$
$$x = -\tfrac{1}{2} \pm \tfrac{3}{2}$$
$$x = \begin{cases} -\tfrac{1}{2} + \tfrac{3}{2} = 1 \\ -\tfrac{1}{2} - \tfrac{3}{2} = -2 \end{cases}$$

EXEMPLE III. $(9 - x)(6 + x) = 54$

$$54 - 6x + 9x - x^2 = 54$$
$$x^2 - 3x = 0$$
$$x = \tfrac{3}{2} \pm \sqrt{\tfrac{9}{4} + 0}$$
$$x = \begin{cases} \tfrac{3}{2} + \tfrac{3}{2} = 3 \\ \tfrac{3}{2} - \tfrac{3}{2} = 0 \end{cases}$$

EXEMPLE IV. $3x(4 - 3x) = 4$

$$12x - 9x^2 = 4$$
$$9x^2 - 12x = -4$$
$$x^2 - \tfrac{4}{3}x = -\tfrac{4}{9}$$
$$x = \tfrac{2}{3} \pm \sqrt{\tfrac{4}{9} - \tfrac{4}{9}}$$
$$x = \tfrac{2}{3}$$

REMARQUE. L'équation IV n'admet qu'une seule racine $\tfrac{2}{3}$.

On dit alors que les deux racines sont égales, ou bien qu'elles se réduisent à une seule.

ÉQUATIONS A RÉSOUDRE.	SOLUTIONS.

$$x^2+6=5x \ldots \ldots \quad x=3 \quad \text{et} \quad x=2$$

$$20-\frac{51}{x}=x \ldots \ldots \quad x=17 \quad \text{et} \quad x=3$$

$$(20+x)(60-x)=1591 \ldots \quad x=23 \quad \text{et} \quad x=17$$

$$\frac{9-x}{8}=\frac{2}{x+1} \ldots \quad x=7 \quad \text{et} \quad x=1$$

$$(x-\tfrac{1}{2})x=13x-45 \ldots \quad x=6 \quad \text{et} \quad x=7,5$$

$$\frac{32}{x+3}+3=\frac{110}{x+10}-\frac{1}{3} \ldots \quad x=5 \quad \text{et} \quad x=5,4$$

$$14\left(\frac{x+3}{x}\right)-5\left(\frac{x+3}{x}\right)^2=9,6 \quad x=15 \quad \text{et} \quad x=5$$

$$\frac{8}{351-2x}=\frac{31}{12x}-\frac{1}{6} \ldots \quad x=13,5 \quad \text{et} \quad x=201,5$$

$$(4+ax)(4-ax)=(8-x)x \ldots \quad x=\begin{cases}\dfrac{4(a-1)}{a^2-1}=\dfrac{4}{a+1}\\[2mm]\dfrac{4(a+1)}{1-a^2}=\dfrac{4}{1-a}\end{cases}$$

ÉQUATIONS QUI RENFERMENT DES RADICAUX.

174. Lorsqu'une équation renferme des radicaux, on les fait disparaître en élevant les deux membres au carré. Et alors on peut souvent abréger les calculs, lorsqu'on a soin d'indiquer les carrés des termes tout connus, comme nous l'avons fait dans les exemples ci-dessous :

EXEMPLE I.
$$\frac{x+\sqrt{x}}{3+\sqrt{x}}=2 \ldots \ldots \quad [1]$$

Chassant le dénominateur, il vient successivement

$$x+\sqrt{x}=6+2\sqrt{x}$$
$$\sqrt{x}-2\sqrt{x}=6-x$$
$$-\sqrt{x}=6-x$$
$$\sqrt{x}=x-6 \ldots \ldots \quad [2]$$

En élevant les deux membres au carré, on a

$$x = x^2 - 12x + 6^2$$
$$x^2 - 13x = -6^2$$
$$x = \tfrac{13}{2} \pm \sqrt{\left(\tfrac{13}{2}\right)^2 - 6^2}$$
$$x = \tfrac{13}{2} \pm \sqrt{\left(\tfrac{13}{2} + 6\right)\left(\tfrac{13}{2} - 6\right)}$$
$$x = \tfrac{13}{2} \pm \sqrt{\tfrac{25}{2} \times \tfrac{1}{2}}$$
$$x = \tfrac{13}{2} \pm \sqrt{\tfrac{25}{4}}$$
$$x = \begin{cases} \tfrac{13}{2} + \tfrac{5}{2} = 9 \\ \tfrac{13}{2} - \tfrac{5}{2} = 4 \end{cases}$$

On voit facilement, à l'inspection de l'équ. [2], que la racine qui y satisfait, est plus grande que 6, attendu que le 1er membre $\sqrt{x}$ est essentiellement positif. La seule racine à admettre est donc $x = 9$.

La racine $x = 4$ est étrangère. Elle provient de ce qu'on a fait le carré des deux membres de l'équ. [2]. On aurait obtenu le même résultat en élevant au carré les deux membres de l'équ.

$$\sqrt{x} = 6 - x,$$

qui se vérifie par une valeur de x plus petite que 6 ; c'est-à-dire par $x = 4$. Cette dernière équation se déduit de

$$\frac{x - \sqrt{x}}{3 - \sqrt{x}} = 2 ,$$

qui ne diffère de l'équation proposée [1] qu'en ce que les signes des radicaux sont changés.

ÉQUATIONS A RÉSOUDRE.	SOLUTIONS.
$\dfrac{x + \sqrt{x}}{x - \sqrt{x}} = 2$	$x = 9$ et $x = 0$
$\sqrt{3x + 1} = 2 + \sqrt{x - 1}$	$x = 5$ et $x = 1$
$\begin{cases} \tfrac{3}{5}\sqrt{x} = x - 1 \\ \tfrac{3}{2}\sqrt{x} = 1 - x \end{cases}$	$x = \begin{cases} 4 \\ \tfrac{1}{4} \end{cases}$
$\begin{cases} \sqrt{13 - x} = 1 + \sqrt{x} \\ \sqrt{13 - x} = \sqrt{x} - 1 \end{cases}$	$x = \begin{cases} 4 \\ 9 \end{cases}$
$\begin{cases} \sqrt{x + 1} = 7 - \sqrt{2x} \\ \sqrt{x + 1} = \sqrt{2x} - 7 \end{cases}$	$x = \begin{cases} 8 \\ 288 \end{cases}$

175. EXEMPLE II. $\sqrt{x} - \sqrt{10-x} + \sqrt{x} = 1$

On a d'abord $\qquad -\sqrt{10-x} + \sqrt{x} = 1 - \sqrt{x}$

$$\sqrt{10-x} + \sqrt{x} = \sqrt{x} - 1$$

En élevant les deux membres au carré, il vient

$$10 - x + \sqrt{x} = x - 2\sqrt{x} + 1.$$

D'où $\qquad\qquad 3\sqrt{x} = 2x - 9.$

En élevant de nouveau au carré, il vient successivement

$$9x = 4x^2 - 36x + 81.$$

$$x^2 - \tfrac{45}{4}x = -\tfrac{81}{4}$$

$$x = \tfrac{45}{8} \pm \sqrt{(\tfrac{45}{8})^2 - (\tfrac{9}{2})^2}$$

$$x = \tfrac{45}{8} \pm \sqrt{(\tfrac{45}{8} + \tfrac{9}{2})(\tfrac{45}{8} - \tfrac{9}{2})}$$

$$x = \tfrac{45}{8} \pm \sqrt{\tfrac{81}{8} \times \tfrac{9}{8}}$$

$$x = \tfrac{45}{8} \pm \tfrac{9 \times 3}{8}$$

De là on tire $\qquad x = 9 \quad$ et $\quad x = \tfrac{9}{4}.$

La valeur $x = 9$ convient seule à l'équation proposée.

La 2e valeur résout l'équation qui résulte de la proposée quand on y change les signes de tous les radicaux ; ce qui donne

$$\sqrt{10 - x - \sqrt{x}} - \sqrt{x} = 1.$$

176. EXEMPLE III. $\sqrt{6+x} - \sqrt{5+2x} = \sqrt{9+4x}.$

Elevant chaque membre au carré, on a successivement

$$6 + x - 2\sqrt{(6+x)(5+2x)} + 5 + 2x = 9 + 4x$$

$$2\sqrt{30 + 17x + 2x^2} = 2 - x$$

En élevant de nouveau au carré, il vient

$$4(30 + 17x + 2x^2) = 4 - 4x + x^2.$$

Effectuant les calculs et transposant, on trouve, réduction faites,

$$x^2 + \tfrac{72}{7}x = -\tfrac{116}{7}.$$

En résolvant, on obtient deux valeurs négatives :

$$x = -2 \quad \text{et} \quad x = -\tfrac{58}{7};$$

dont la **1re** convient seule à l'équation proposée.

ÉQUATIONS BI-CARRÉES.

177. Certaines équations du 4e degré peuvent être abaissées au 2e. Nous n'examinerons pas ici tous les cas où cette transformation peut avoir lieu. Nous nous arrêterons pour le moment aux équations *bi-carrées*, c'est-à-dire à celles qui peuvent se ramener à la forme

$$x^4 + px^2 = q.$$

En prenant x^2 pour l'inconnue, on aura les deux valeurs

$$x^2 = -\tfrac{1}{2}p + \sqrt{\tfrac{1}{4}p^2 + q} \quad \text{et} \quad x^2 = -\tfrac{1}{2}p - \sqrt{\tfrac{1}{4}p^2 + q}.$$

De là on tire

$$x = \pm\sqrt{-\tfrac{1}{2}p + \sqrt{\tfrac{1}{4}p^2 + q}} \quad \text{et} \quad x = \pm\sqrt{-\tfrac{1}{2}p - \sqrt{\tfrac{1}{4}p^2 + q}}.$$

En sorte que l'équation proposée admet quatre racines qui prises deux à deux, sont égales et de signes contraires.

EXEMPLE I. $\left(3 + \dfrac{12}{x}\right)^2 = (7+x)(7-x) + \dfrac{72}{x}.$

En effectuant les calculs, on trouve

$$x^4 - 40x^2 = -144$$
$$x^2 = 20 \pm \sqrt{400 - 144}$$
$$x^2 = 20 \pm 16$$
$$x^2 = 36 \quad \text{et} \quad x^2 = 4$$

D'où $\qquad\qquad x = \pm 6 \quad \text{et} \quad x = \pm 2.$

Ces quatre valeurs de x satisfont à l'équation proposée.

<table>
<tr><td>

Vérification de $x = 6$.

$$\left(3 + \tfrac{12}{6}\right)^2 = (7+6)(7-6) + \tfrac{72}{6}$$
$$(3+2)^2 = 13 + 12$$
$$5^2 = 25$$

Vérification de $x = 2$.

$$\left(3 + \tfrac{12}{2}\right)^2 = (7+2)(7-2) + \tfrac{72}{2}$$
$$(3+6)^2 = 9 \times 5 + 36$$
$$9^2 = 45 + 36$$
$$81 = 81$$

</td><td>

Vérification de $x = -6$.

$$\left(3 - \tfrac{12}{6}\right)^2 = (7-6)(7+6) - \tfrac{72}{6}$$
$$(3-2)^2 = 13 - 12$$
$$1^2 = 1$$

Vérification de $x = -2$.

$$\left(3 - \tfrac{12}{2}\right)^2 = (7-2)(7+2) - \tfrac{72}{2}$$
$$(3-6)^2 = 5 \times 9 - 36$$
$$(-3)^2 = 45 - 36$$
$$9 = 9$$

</td></tr>
</table>

$$\text{EXEMPLE II.} \qquad \sqrt{\dfrac{x^4+3^4}{2}} = 3x$$

$$\frac{x^4+3^4}{2} = 9x^2$$

$$x^4 - 18x^2 = -81$$

$$x^2 = 9 \pm \sqrt{9^2 - 81}$$

$$x^2 = 9$$

$$x = \pm 3$$

Ici les quatres valeurs de x se réduisent à deux.

ÉQUATIONS DU 2e DEGRÉ A DEUX INCONNUES.

178. Une équation du 2e degré à deux inconnues x et y peut se représenter, d'une manière générale, par

$$Ax^2 + By^2 + Cxy + Dx + Ey = F;$$

les coefficients A, B, C, D, E, F, étant des quantités entières positives ou négatives.

En considérant certains coefficients comme égaux à zéro, les termes qui seront affectés de ces coefficients disparaîtront et l'équation qui en résultera sera moins compliquée.

179. Quand on a plusieurs équations à plusieurs inconnues, on élimine assez d'inconnues entre ces équations, pour en déduire une équation qui ne renferme plus qu'une seule inconnue et que l'on sache résoudre.

Pour exemple prenons les équations

$$x^2 + y^2 = a \quad \text{et} \quad y^2 + x = b.$$

Si nous tirons la valeur de x de la 1re équation, nous aurons $x = \pm \sqrt{a - y^2}$; et en substituant cette valeur dans l'autre équation, il vient

$$y^2 \pm \sqrt{a - y^2} = b.$$

Si nous avions pris la valeur de x dans la seconde équation pour la substituer dans la 1re, nous aurions eu

$$(b - y^2)^2 + y^2 = a.$$

Cette équation, ainsi que la précédente, conduit à une équation bi-carrée en y.

pi, par réduction, on élimine y^2 entre les équations proposées, on obtient sur-le-champ une équation du 2e degré en x,

$$x^2 - x = a - b.$$

Nous voyons, par cet exemple très simple, que le choix de l'inconnue qu'on élimine peut influer sur la simplicité des calculs. Par conséquent, il est nécessaire de prescrire quelques règles à cet égard.

180. Lorsqu'on a une équation du 2e degré avec une équation du 1er degré, on tirera de cette dernière, la valeur d'une inconnue pour la substituer dans la 1re équation. EXEMPLE :

$$x^2 - 2xy + 2y^2 + 4x - y = 9, \qquad 3x - 2y = 4.$$

De la seconde équation on tire.... $\quad x = \dfrac{2y + 4}{3}$.... [1].

Cette valeur de x substituée dans la 1re équation donne

$$\left(\frac{2y+4}{3}\right)^2 - 2y\left(\frac{2y+4}{3}\right) + 2y^2 + 4\left(\frac{2y+4}{3}\right) - y = 9$$

$$\frac{4y^2+16y+16}{9} - \frac{4y^2+8y}{3} + 2y^2 + \frac{8y+16}{3} - y = 9$$

$$4y^2 + 16y + 16 - 12y^2 - 24y + 18y^2 + 24y + 48 - 9y = 81$$

$$10y^2 + 7y = 17.$$

De là on tire.... $\qquad y = 1 \quad$ et $\quad y = -1,7$

Par suite, l'équ. [1] donne $\quad x = 2 \quad$ et $\quad x = 0,2$

181. Lorsque les équations sont toutes deux du 2e degré, il peut arriver que l'une des inconnues n'entre qu'une seule fois dans chaque équation et dans des termes semblables. Alors on élimine cette inconnue par réduction. C'est ainsi qu'on traitera les systèmes suivants

$$2x^2 + 3x + y = 18 \atop 7x^2 - 5x + 3y = 30 \Big\} \quad x=2 \quad \text{et} \quad x=12 \atop y=4 \quad \dots \quad y=-294$$

$$x^2 + 2xy + 3x = 48 \atop 2x^2 - xy + x = 6 \Big\} \quad x=3 \quad \dots \quad x=-4 \atop y=5 \quad \dots \quad y=-5,5$$

$$3x^2 + 2y^2 - 5x = 16 \atop 10x - (y+x)(y-x) = 2 \Big\} \quad x=1 \quad \dots \quad x=-4 \atop y=\pm 3 \quad \dots \quad x=\pm\sqrt{-26}$$

182. Lorsqu'on a deux équations dont aucune ne renfer[me]
les carrés des inconnues ; comme

[1]. $\qquad 2xy-3x+2y=38$

[2] $\qquad xy+4x-3y=21;$

on élimine les termes en xy ; ce qui donne

$$11x-8y=4 ; \quad \text{d'où} \quad y=\frac{11x-4}{8}\ldots \qquad [3].$$

Cette valeur de y substituée dans l'équ. [2] donne

$$\frac{11x^2-4x}{8}+4x-\frac{33x-12}{8}=21.$$

De là on tire $11x^2-5x=156$; d'où $\quad x=4$ et $x=-\frac{39}{11}$.

Par suite la formule [3] donne $\qquad y=5$ et $y=-\frac{45}{8}$.

183. Considérons maintenant deux équations, dont tous l[es]
termes inconnus sont du 2e degré,

$$x^2+xy-3y^2=3\ldots \quad [1].$$
$$2x^2-3xy+y^2=4\ldots \quad [2].$$

La résolution de ces équations peut se faire par deux méthode[s].

1re Méthode. On élimine d'abord le carré d'une inconnu[e].

Pour éliminer x^2 on multiplie la **1re** équation par 2, puis o[n]
en retranche la seconde, ce qui donne

$$5xy-7y^2=2.$$

De là on tire.... $\qquad x=\frac{2+7y^2}{5y} \qquad \ldots\ldots\ldots \quad [3]$

On substitue cette valeur à la place de x dans l'une des équa[a]-
tions données, dans la 1re, par exemple ; et l'on a

$$\frac{(2+7y^2)^2}{25y^2}+\frac{2+7y^2}{5}-3y^2=3.$$

En chassant les dénominateurs, puis effectuant les calcu[ls]
indiqués, on a, réductions faites

$$y^4-\frac{37}{9}y^2=-\frac{4}{9}$$
$$y^2=\frac{37}{18}\pm\sqrt{\left(\frac{37}{18}\right)^2-\frac{4}{9}}$$
$$y^2=\frac{37}{18}\pm\sqrt{\left(\frac{37}{18}+\frac{2}{3}\right)\left(\frac{37}{18}-\frac{2}{3}\right)}$$

$$y^2 = \tfrac{37}{18} \pm \sqrt{\tfrac{49}{18} \times \tfrac{25}{18}}$$

$$y^2 = \tfrac{37}{18} \pm \tfrac{7 \times 5}{18}.$$

De là on tire quatre valeurs de y, savoir $y = \pm 2$ et $y = \pm \tfrac{1}{3}$.

En les substituant dans l'équ. [3], on a $x = \pm 3$ et $x = \pm \tfrac{5}{3}$.

2e Méthode. Multiplions chaque équation par le terme connu de l'autre, et nous aurons

$$4x^2 + 4xy - 12y^2 = 12$$
$$6x^2 - 9xy + 3y^2 = 12.$$

Maintenant retranchons la 1re de la 2e, les termes tout connus disparaîtront et il viendra successivement

$$2x^2 - 13xy + 15y^2 = 0.$$
$$x^2 - \tfrac{13}{2}xy = -\tfrac{15}{2}y^2.$$

Et en divisant les deux membres par y^2,

$$\frac{x^2}{y^2} - \frac{13x}{2y} = -\frac{15}{2} \quad . \quad . \quad . \quad . \quad [4]$$

En prenant $\dfrac{x}{y}$ pour inconnue, on a

$$\frac{x}{y} = \frac{13}{4} \pm \sqrt{\frac{169}{16} - \frac{15}{2}}$$

$$\frac{x}{y} = \frac{13}{4} \pm \frac{7}{4}$$

$$x = 5y \quad \text{et} \quad x = \tfrac{3}{2}y \quad . \quad . \quad . \quad . \quad . \quad [5]$$

En substituant chacune de ces valeurs à la place de x dans l'une des équations proposées, dans la 1re, par exemple, on aura

$$
\begin{array}{l|l}
25y^2 + 5y^2 - 3y^2 = 3 & \tfrac{9}{4}y^2 + \tfrac{3}{2}y^2 - 3y^2 = 3 \\
27y^2 = 3 & 9y^2 + 6y^2 - 12y^2 = 12 \\
y^2 = \tfrac{3}{27} & 3y^2 = 12 \\
y^2 = \tfrac{1}{9} & y^2 = 4 \\
y = \pm \tfrac{1}{3} & y = \pm 2
\end{array}
$$

Par suite, les formules [5] donnent $x = \pm \tfrac{5}{3}$ et $x = \pm 3$.

On retrouve donc les mêmes valeurs que par la 1re méthode.

ÉQUATIONS RÉSOLUBLES A L'AIDE DE CERTAINS ARTIFICES DE CALCUL.

184. Lorsqu'un système de deux équations du 2e degré à deux inconnues ne rentre pas dans l'un des cas que nous avons examinés dans le paragraphe précédent, l'élimination par substitution conduit ordinairement à une équation finale d'un degré supérieur au 2e, et que nous ne savons pas encore résoudre.

Mais souvent la forme particulière des équations permet de les résoudre par des voies indirectes qu'on appelle *artifices de calcul*. Soient, par exemple les équations

[1]. $$x^2+y^2+5xy-2(x+y)=33$$
[2]. $$x^2+y^2-\ xy+3(x+y)=22$$

En les retranchant l'une de l'autre, on a

$$6xy-5(x+y)=11, \quad \text{ou bien}$$

[3]. $$xy-\tfrac{5}{6}(x+y)=\tfrac{11}{6}.$$

Multipliant cette dernière par 3, il vient

$$3xy-\tfrac{5}{2}(x+y)=\tfrac{11}{2}.$$

En l'ajoutant à l'équ. [2], on a

$$x^2+y^2+2xy+(3-\tfrac{5}{2})(x+y)=22+\tfrac{11}{2};$$

[4]. $$(x+y)^2+\tfrac{1}{2}(x+y)=\tfrac{55}{2}.$$

En prenant $x+y$ pour inconnue, on en tire

$$x+y=-\tfrac{1}{4}\pm\sqrt{\tfrac{1}{16}+\tfrac{55}{2}}.$$
$$x+y=-\tfrac{1}{4}\pm\tfrac{21}{4};$$

de là $\qquad x+y=5 \quad \text{et} \quad x+y=-\tfrac{11}{2}$

Donc $\qquad x=5-y \quad , \quad x=-(y+\tfrac{11}{2}).$

La 1re valeur substituée à la place de x dans l'équ. [3] donne

$$(5-y)y-\tfrac{25}{6}=\tfrac{11}{6}$$
$$y^2-5y=-6.$$

D'où l'on tire $\qquad y=3 \quad \text{et} \quad y=2$

Par suite $\qquad x=2 \quad \text{et} \quad x=3.$

On a ainsi les mêmes valeurs pour x que pour y; et cela doit être, vu que les équations proposées sont symétriques par rapport aux deux inconnues.

REMARQUE. La valeur $x = -(y + \frac{11}{2})$ substituée dans l'équation [3], donnerait des valeurs irrationnelles.

85. Soient encore les équations

$$x^4 + y^4 + 4xy = 2430$$
$$x^2 + y^2 = 50.$$

Formons le carré de la seconde, puis retranchons-en la première; et nous aurons

$$x^2 y^2 - 2xy = 35.$$

En considérant xy comme inconnue, il vient

$$xy = 1 \pm \sqrt{35 + 1}$$
$$xy = 7 \quad \text{et} \quad xy = -5.$$

La question se trouve ainsi ramenée à résoudre les équations

$$\left. \begin{array}{l} x^2 + y^2 = 50 \\ xy = 7 \end{array} \right\} \quad \text{et} \quad \left\{ \begin{array}{l} x^2 + y^2 = 50 \\ xy = -5. \end{array} \right.$$

Les calculs peuvent encore se simplifier ici.

Dans le 1er système combinons la 1re équation avec le double la 2e, d'abord par voie d'addition, puis par voie de soustraction, et nous aurons

$$x^2 + 2xy + y^2 = 64; \quad \text{d'où} \quad x + y = \pm 8$$
$$x^2 - 2xy + y^2 = 36 \ldots \quad x - y = \pm 6$$

On a ainsi les quatre combinaisons

$$\left. \begin{array}{l} x + y = 8 \\ x - y = 6 \end{array} \right\} \quad \left. \begin{array}{l} x + y = 8 \\ x - y = -6 \end{array} \right\} \quad \left. \begin{array}{l} x + y = -8 \\ x - y = 6 \end{array} \right\} \quad \left. \begin{array}{l} x + y = -8 \\ x - y = -6 \end{array} \right\}$$

$$\text{De là on tire,} \quad \left\{ \begin{array}{l} x = 7, \ 1, \ -1, \ -7 \\ y = 1, \ 7, \ -7, \ -1 \end{array} \right.$$

N.B. En traitant de la même manière le second système, on trouverait quatre autres solutions, qui sont toutes irrationnelles.

186. Pour troisième exemple, prenons les deux équations

$$x-y=1 \qquad x^4+y^4=337.$$

Prenons une inconnue auxiliaire z, et posons

$$x+y=z.$$

Cette équation combinée avec la 1re, donne

[1] $\qquad 2x=z+1 \qquad\qquad 2y=z-1.$

En élevant chaque membre au carré, on a respectivement

$$4x^2=z^2+2z+1, \qquad 4y^2=z^2-2z+1.$$

En élevant de nouveau au carré, il vient

$$16x^4=z^4+4z^3+4z^2+2z^2+4z+1$$
$$16y^4=z^4-4z^3+4z^2+2z^2-4z+1$$

Ajoutant membre à membre, on a

$$16(x^4+y^4)=2z^4+12z^2+2.$$

Remplaçant x^4+y^4 par son égal 337, il vient successivement

$$z^4+6z^2=2695$$
$$z^2=-3\pm\sqrt{2695+9}=-3\pm 52$$
$$z^2=49 \quad\text{et}\quad z^2=-55$$
$$z=\pm 7 \quad\text{et}\quad z=\pm\sqrt{-55}$$

En prenant $z=7$, on trouve par les formules [1],

$$x=4 \qquad\qquad y=3.$$

Si l'on prend $\quad z=-7$, on trouve $x=-3$ et $y=-4$.

187. Considérons maintenant les trois équations

[1] $\qquad\qquad x^2+y^2+z^2=29$

[2] $\qquad\qquad xy+xz+yz=26$

[3] $\qquad\qquad x+y-z=1$

En doublant l'équ. [2], puis l'ajoutant à la 1re, on a

$$x^2+2xy+y^2+2xz+2yz+z^2=81,$$

ou bien $\qquad\qquad (x+y+z)^2=81.$

d'où, en extrayant la racine carrée de chaque membre,

$$x+y+z=9 \quad \text{et} \quad x+y+z=-9.$$

De celles-ci retranchons successivement l'équ. [3] et nous avons

$$z=4 \quad \text{et} \quad z=-5$$

par suite $\quad x+y=5 \quad x+y=-4.$

On remarque que l'équ. [2] peut s'écrire $xy+(x+y)z=26$. Donc $xy+5\times4=26$ et $xy+(-5\times-4)=26$. De là $xy=6$. La question se trouve donc ramenée à résoudre les deux systèmes suivants

$$\left.\begin{array}{l} x+y=5 \\ xy=6 \end{array}\right\} \quad \text{et} \quad \left\{\begin{array}{l} x+y=-4, \\ xy=6. \end{array}\right.$$

Le 1er système donne $\quad x=3,\ y=2 \quad$ et $\quad x=2,\ y=3.$

Le 2e donne des valeurs imaginaires.

288. D'après ce qui précède, on traitera facilement les équations suivantes

$$\left.\begin{array}{l} x^2+y^2+\ x-\ y=42 \\ xy\ -3x+3y=17 \end{array}\right\} \quad \begin{array}{l} x=5, x=-4, x=-7, x=-1 \\ y=4, y=-5, y=1,\ \ \ y=7 \end{array}$$

$$\left.\begin{array}{l} x^2+9y^2-\ x-3y=6 \\ 2x+6y-xy=7 \end{array}\right\} \quad \begin{array}{l} x=1\ ,\ x=3 \\ y=1\ ,\ y=\frac{1}{3} \end{array}$$

$$\left.\begin{array}{l} 4x^2+9y^2+2xy=109 \\ xy+2x+\ 3y=\ 19 \end{array}\right\} \quad \begin{array}{l} x=2\ ,\ x=\frac{9}{2} \\ y=3\ ,\ y=\frac{4}{3} \end{array}$$

$$\left.\begin{array}{l} x^2+y^2+x-y=22 \\ x^2+y^2+\ xy\ =28 \end{array}\right\} \quad \begin{array}{l} x=4\ ,\ x=-2 \\ y=2\ ,\ y=-4 \end{array}$$

$$\left.\begin{array}{l} x^2+y^2-x-y=\ 8 \\ x^2+y^2+\ xy\ =19 \end{array}\right\} \quad \begin{array}{l} x=3\ , \\ y=2\ , \end{array}$$

$$\left.\begin{array}{l} x^2+xy+2y^2-3x+9y=15 \\ x^2-xy-2y^2-2x+6y=10 \end{array}\right\} \quad \begin{array}{l} x=2,-1,\ \ 5,-\frac{5}{2} \\ y=1,\ \ 1,-5,-\frac{5}{4}. \end{array}$$

$$\left.\begin{array}{l} x\ +2y\ =9 \\ x^4+16y^4=881 \end{array}\right\} \begin{array}{l} x=5 \\ y=2 \end{array} \qquad \left.\begin{array}{l} 2x-\ 3y\ =3 \\ 16x^4+81y^4=1377 \end{array}\right\} \begin{array}{l} x=3 \\ y=1 \end{array}$$

ÉQUATIONS INDÉTERMINÉES DU 2e DEGRÉ.

189. Soit proposé de résoudre, en nombres entiers, [une] équation du 2e degré à deux inconnues, dans laquelle le car[ré] d'une inconnue manque, telle que

$$x^2 - xy - 2x + 3y = 29.$$

On tire la valeur de y, et l'on a

$$y = \frac{29 - x^2 + 2x}{3 - x} = \frac{x^2 - 2x - 29}{x - 3}.$$

On effectue la division du numérateur par le dénominate[ur] et l'on trouve

$$y = x + 1 - \frac{26}{x - 3}.$$

Maintenant on cherche tous les diviseurs de 26. Ces divise[urs] sont : 26, 13, 2, 1.

On pose $x - 3 = 26$;   d'où $x = 29$;   par suite $y = 29$

$x - 3 = 13$ . . . . $x = 16$ . . . . . . $y = 15$

$x - 3 = 2$ . . . . $x = 5$ . . . . . . $y = -$

$x - 3 = 1$ . . . . $x = 4$ . . . . . . $y = -$

$x - 3 = -1$ . . . . $x = 2$ . . . . . . $y = 29$

$x - 3 = -2$ . . . . $x = 1$ . . . . . . $y = 15$

$x - 3 = -13$ . . . . $x = -10$ . . . . . . $y = -$

$x - 3 = -26$ . . . $x = -23$ . . . . . . $y = -$

190. Soit encore à résoudre, en nombres entiers, l'équation

$$x^2 + y^2 = z^2.$$

On en tire $y^2 = z^2 - x^2$. Faisons $z = x + n$. Alors il vient

$$y^2 = (x + n)^2 - x^2 = n(2x + n) = n^2 \times \frac{2x + n}{n}.$$

En faisant $\dfrac{2x + n}{n} = t^2$, on en tire $x = \dfrac{n(t^2 - 1)}{2}$ . . . [1]

En suite on a $y^2 = n^2 t^2$; d'où $y = nt$ . . . . [2]

La valeur de x substituée dans l'expression $z = x + n$ donne

$$z = \frac{n(t^2 - 1)}{2} + n = \frac{n(t^2 - 1) + 2n}{2} = \frac{n(t^2 + 1)}{2} \ \ \cdots \ \ [3]$$

Si l'on fait $n = 1$, les formules [1], [2] et [3] deviennent

$$y = t, \qquad x = \frac{t^2 - 1}{2}, \qquad z = \frac{t^2 + 1}{2}.$$

Alors en faisant $t = 3, 5, 7, 9$ . . . . . il vient

$$y = 3, \ \ 5, \ \ 7, \ \ 9, \ 11, \ 13, \ \ 15, \ \ 17 \ . \ . \ . \ . \ .$$
$$x = 4, 12, 24, 40, 60, 84, 112, 144 \ . \ . \ . \ . \ .$$
$$z = 5, 13, 25, 41, 61, 85, 113, 145 \ . \ . \ . \ . \ .$$

Si l'on fait $n = 2$, les formules deviennent

$$y = 2t, \qquad x = t^2 - 1, \qquad z = t^2 + 1.$$

Alors, en assignant des valeurs impaires à t, on obtiendrait es nombres multiples de ceux que l'on vient de trouver.

Mais en faisant $t = 4, 6, 8, 10$ . . . . . il vient

$$y = \ \ 8, 12, 16, \ \ 20 \ . \ . \ . \ . \ .$$
$$x = 15, 35, 63, \ \ 99 \ . \ . \ . \ . \ .$$
$$z = 17, 37, 65, 101 \ . \ . \ . \ . \ .$$

191. Remarque. Pour résoudre l'équation $x^2 + y^2 = z^2$, on eut encore se servir des formules suivantes :

$$x = n^2 - t^2, \qquad y = 2nt, \qquad z = n^2 + t^2.$$

ÉQUATIONS A RÉSOUDRE.   SOLUTIONS ENTIÈRES POSITIVES.

$$5xy - 3x - y = 9 \quad \begin{cases} x = 5, \ \ 1 \\ y = 1, \ \ 3 \end{cases}$$

$$3xy + 3x + y = 79 \quad \begin{cases} x = 13, \ \ 5, \ \ 3 \\ y = 1, \ \ 4, \ \ 7 \end{cases}$$

$$2x^2 - 3xy + x = 112 \quad \begin{cases} x = 8, \ 14, \ 56 \\ y = 1, \ \ 7, \ 37 \end{cases}$$

$$xy + x + 3y = 21 \quad \begin{cases} x = 9, \ \ 5, \ \ 3, \ \ 1, \ \ 0 \\ y = 1, \ \ 2, \ \ 3, \ \ 5, \ \ 7 \end{cases}$$

$$3xy + 3x + y = 139 \quad \begin{cases} x = 23, \ \ 9, \ \ 3, \ \ 2, \ \ 1 \\ y = 1, \ \ 4, \ 13, \ 19, \ 34 \end{cases}$$

$$x^2 + 7xy - 2x - 21y = 29 \quad \begin{cases} x = 5, \ \ 4 \\ y = 1, \ \ 3 \end{cases}$$

$$x^2+y^2=85 \begin{cases} x=9,\ 7 \\ y=2,\ 6 \end{cases} \qquad x^2+y^2=325 \begin{cases} x=1,\ \ 6 \\ y=18,\ 17 \end{cases}$$

$$x^2+z^2=y^2+1 \ \ldots\ldots \begin{cases} x=7,\ 17,\ 31,\ \text{etc.}\ \ldots \\ y=8,\ 18,\ 32\ \ldots\ldots \\ z=4,\ \ 6,\ \ 8\ \ldots\ldots \end{cases}$$

$$x^2-y^2=144 \ \ldots\ldots \begin{cases} x=37,\ 20,\ 15,\ 13,\ 12 \\ y=35,\ 16,\ \ 9,\ \ 5,\ \ 0 \end{cases}$$

DISCUSSION DE L'ÉQUATION $x^2+px=q$.

192. En considérant p et q comme des quantités purement positives, toute équation du 2e degré à une inconnue peut être ramenée à l'une des quatre formes que voici

$$[a] \qquad x^2+px=q; \qquad\qquad [c] \qquad x^2+px=-q;$$

$$[b] \qquad x^2-px=q; \qquad\qquad [d] \qquad x^2-px=-q.$$

193. Les équations $[a]$ et $[b]$ donnent respectivement

$$[a'] \qquad x=-\tfrac{1}{2}p\pm\sqrt{\tfrac{1}{4}p^2+q} \qquad\qquad [b'] \qquad x=\tfrac{1}{2}p\pm\sqrt{\tfrac{1}{4}p^2+q}$$

Puisque $\tfrac{1}{4}p^2<\tfrac{1}{4}p^2+q$, on aura aussi $\sqrt{\tfrac{1}{4}p^2}<\sqrt{\tfrac{1}{4}p^2+q}$, ou bien $\tfrac{1}{2}p<\sqrt{\tfrac{1}{4}p^2+q}$. Les signes des valeurs de x seront donc toujours ceux du radical $\sqrt{\tfrac{1}{4}p^2+q}$; c'est-à-dire $+$ pour une valeur et $-$ pour l'autre.

On voit en outre que ces valeurs seront toujours réelles et inégales, car la quantité sous le radical est essentiellement positive. Ainsi *toute équation de la forme* $x^2\pm px=q$, *admet deux racines réelles, l'une positive, l'autre négative.*

194. En résolvant les équations $[c]$ et $[d]$, il vient

$$[c'] \qquad x=-\tfrac{1}{2}p\pm\sqrt{\tfrac{1}{4}p^2-q}; \qquad\qquad [d'] \qquad x=\tfrac{1}{2}p\pm\sqrt{\tfrac{1}{4}p^2-q}.$$

Or, $\frac{1}{4}p^2 > \frac{1}{4}p^2 - q$; donc $\frac{1}{2}p > \sqrt{\frac{1}{4}p^2 - q}$. Les signes des deux valeurs de x seront donc toujours ceux du terme placé devant le radical, c'est-à-dire toujours — dans la form. $[c']$, et $+$ dans la form. $[d']$.

1^0 Lorsque $\frac{1}{4}p^2 > q$, la quantité sous le radical est positive ; alors les valeurs de x sont réelles et inégales ;

2^0 Lorsque $\frac{1}{4}p^2 = q$, la quantité sous le radical devient zéro ; et les deux racines se réduisent à une seule ; à $-\frac{1}{2}p$ dans la form. $[c']$ et à $\frac{1}{2}p$ dans la form. $[d']$

En remplaçant q par $\frac{1}{4}p^2$ dans les équ. $[c]$ et $[d]$, elles deviennent successivement

$$
\begin{array}{c|c}
x^2 + px = -\frac{1}{4}p^2 & x^2 - px = -\frac{1}{4}p^2 \\
x^2 + px + \frac{1}{4}p^2 = 0 & x^2 - px + \frac{1}{4}p^2 = 0 \\
(x + \frac{1}{2}p)^2 = 0 & (x - \frac{1}{2}p)^2 = 0.
\end{array}
$$

3^0 Si $\frac{1}{4}p^2 < q$, la quantité sous le radical est négative et par conséquent les racines sont imaginaires.

Dans ce cas les équations proposées sont absurdes. Pour rendre l'absurdité sensible sur les équations même, on n'a qu'à poser $\frac{1}{4}p^2 - q = -r^2$, ce qui donne $q = \frac{1}{4}p^2 + r^2$.

En portant cette valeur de q dans les équ. $[c]$ et $[d]$, elles deviennent successivement :

$$
\begin{array}{c|c}
x^2 + px = -\frac{1}{4}p^2 - r^2 & x^2 - px = -\frac{1}{4}p^2 - r^2 \\
x^2 + px + \frac{1}{4}p^2 + r^2 = 0 & x^2 - px + \frac{1}{4}p^2 + r^2 = 0 \\
(x + \frac{1}{2}p)^2 + r^2 = 0 & (x - \frac{1}{2}p)^2 + r^2 = 0.
\end{array}
$$

Sous cette dernière forme on reconnaît immédiatement qu'il n'existe aucune valeur, soit positive, soit négative, qui mise à la place de x puisse rendre nulle la somme de ces deux carrés.

En résumé, *toute équation de la forme* $x^2 \pm px = -q$ *admet toujours des racines de même signe, qui peuvent être réelles ou imaginaires, égales ou inégales.*

Quand l'équation a la forme $x^2 + px = -q$, *les racines sont négatives ; et quand elle a la forme* $x^2 - px = -q$, *les racines sont toujours positives.*

PARTICULARITÉS A REMARQUER DANS L'ÉQUATION

$$ax^2 + bx = c.$$

195. Considérons maintenant l'équation plus générale

[1] $$ax^2 + bx = c;$$

dans laquelle le **1er** terme ax^2 est positif, les quantités b et c pouvant avoir des signes quelconques.

Trois méthodes peuvent être employées pour résoudre cette équation.

1re **MÉTHODE**, ou *résolution directe*.

Lorsqu'on extrait la racine carrée de $ax^2 + bx$, on trouve

$$x\sqrt{a} + \frac{b}{2\sqrt{a}}; \text{ avec le reste } -\frac{b^2}{4a}.$$

Si donc on ajoute $+\dfrac{b^2}{4a}$ aux deux membres de l'équ. [1], soit premier membre deviendra un carré parfait; et l'on aura successivement

$$ax^2 + bx + \frac{b^2}{4a} = c + \frac{b^2}{4a}$$

$$\left(x\sqrt{a} + \frac{b}{2\sqrt{a}}\right)^2 = c + \frac{b^2}{4a}$$

$$x\sqrt{a} + \frac{b}{2\sqrt{a}} = \pm\sqrt{c + \frac{b^2}{4a}} = \pm\sqrt{\frac{4ac + b^2}{4a}} = \pm\frac{\sqrt{4ac + b^2}}{2\sqrt{a}}$$

$$x\sqrt{a} = -\frac{b}{2\sqrt{a}} \pm \frac{\sqrt{4ac + b^2}}{2\sqrt{a}} = \frac{-b \pm \sqrt{4ac + b^2}}{2\sqrt{a}}.$$

Enfin, divisant chaque membre par $\sqrt{a}$, on a

[2] $$x = \frac{-b \pm \sqrt{4ac + b^2}}{2a}.$$

2me **MÉTHODE.** On arrive plus simplement à cette formule lorsqu'on ramène l'équ. [1] à la forme $x^2 + px = q$. A cet effet n divise les deux membres de l'équ. [1] par a ; ce qui donne

$$x^2 + \frac{b}{a}x = \frac{c}{a}.$$

De là on tire, en appliquant la règle du n⁰ 173,

$$x = -\frac{b}{2a} \pm \sqrt{\frac{b^2}{4a^2} + \frac{c}{a}}$$

$$x = -\frac{b}{2a} \pm \sqrt{\frac{b^2}{4a^2} + \frac{4ac}{4a^2}}$$

$$x = -\frac{b}{2a} \pm \sqrt{\frac{b^2 + 4ac}{4a^2}} = \frac{-b \pm \sqrt{b^2 + 4ac}}{2a}.$$

3me MÉTHODE. Multiplions tous les termes de l'équ. [1] par $4a$, et nous aurons

$$4a^2x^2 + 4abx = 4ac.$$

Si l'on extrait la racine carrée du 1er membre de cette équation, on obtient $\quad 2ax + b$, et le reste $-b^2$.

Si donc on ajoute $+b^2$ aux deux membres de cette équation, son 1er membre deviendra un carré parfait. Alors nous aurons

$$4a^2x^2 + 4abx + b^2 = 4ac + b^2$$
$$(2ax + b)^2 = 4ac + b^2$$
$$2ax + b = \pm\sqrt{4ac + b^2}$$
$$2ax = -b \pm\sqrt{4ac + b^2}$$
$$x = \frac{-b \pm\sqrt{4ac + b^2}}{2a}.$$

Cette dernière méthode, comme on voit, est plus simple que les deux précédentes.

196. Nous ne discuterons pas les racines de l'équation $ax^2 + bx = c$. Nous nous bornerons à l'examen des cas particuliers auxquels donne lieu l'anéantissement d'un ou de deux des coefficients a, b, c.

Si l'on désigne par x' et x'' les deux valeurs de x, la formule [2] donnera

$$[3] \quad x' = \frac{-b + \sqrt{b^2 + 4ac}}{2a}; \qquad [4] \quad x'' = \frac{-b - \sqrt{b^2 + 4ac}}{2a}.$$

1^0 Si $a = 0$, ces formules deviennent respectivement

$$x' = \frac{-b + \sqrt{b^2}}{0} = \frac{0}{0}; \qquad x'' = \frac{-b - \sqrt{b^2}}{0} = -\frac{2b}{0}.$$

Or, l'inconnue x ne doit pas avoir de valeur indéterminée, puisque l'hypothèse $a=0$ réduit l'équ. [1] à $bx=c$; d'où $x=\frac{c}{b}$.

La formule $x' = \frac{0}{0}$ accuse donc la présence d'un facteur commun aux deux termes de la fraction

$$\frac{-b + \sqrt{b^2 + 4ac}}{2a},$$

lequel facteur devient nul en faisant $a = 0$ (Remarque du n° **111**.)

Pour mettre ce facteur en évidence, multiplions les deux termes de la fraction ci-dessus par le résultat que donne le numérateur, lorsqu'on y change le signe du radical; c'est-à-dire multiplions par $-b - \sqrt{b^2 + 4ac}$. Alors il vient

$$x' = \frac{(-b)^2 - (\sqrt{b^2 + 4ac})^2}{2a(-b - \sqrt{b^2 + 4ac})} = \frac{b^2 - b^2 - 4ac}{-2ab - 2a\sqrt{b^2 + 4ac}} =$$

$$\frac{-4ac}{-2a(b + \sqrt{b^2 + 4ac})}.$$

Ici on voit que $-2a$ est facteur commun au numérateur et au dénominateur. En supprimant ce facteur, il vient

$$[5] \qquad x' = \frac{2c}{b + \sqrt{b^2 + 4ac}}.$$

Si maintenant on fait $a=0$, il vient

$$x' = \frac{2c}{b + \sqrt{b^2}} = \frac{2c}{2b} = \frac{c}{b}.$$

2º Si $a=0$ et $c=0$. Les form. [3] et [4] deviennent encore

$$x'=\frac{0}{0}, \qquad\qquad x''=-\frac{2b}{0}.$$

Et cependant l'inconnue n'a pas de valeur indéterminée, puisque notre hypothèse réduit l'équ. [1] à $bx=0$, qui ne saurait être satisfaite que par la seule valeur $x=0$.

La valeur $x=0$ peut se déduire de l'expression [5], quand on y fait $a=0$, $c=0$; car alors on a

$$x'=\frac{0}{b+\sqrt{b^2}}=\frac{0}{2b}.$$

D'où l'on conclut $x'=0$ (nº 114, 1º).

3º Si $a=0$, $b=0$, les formules [3] et [4] deviennent

$$x'=\tfrac{0}{0} \quad \text{et} \quad x''=\tfrac{0}{0}.$$

Cependant l'équation devient alors $0=c$, et ne saurait admettre aucune valeur de x.

Les valeurs de x' et x'' sont donc toutes deux infinies.

Cela est évident pour x', car la formule [5] devient $x'=\frac{2c}{0}$

Nous allons montrer qu'il en est de même de la valeur de x''.

Pour cela, nous multiplierons les deux termes de la fraction [4] par $-b+\sqrt{b^2+4ac}$, et nous aurons

$$x''=\frac{(-b)^2-\sqrt{(b^2+4ac)^2}}{2a(-b+\sqrt{b^2+4ac})}=\frac{b^2-b^2-4ac}{-2ab+2a\sqrt{b^2+4ac}}=$$

$$\frac{-4ac}{-2a(b-\sqrt{b^2+4ac})}.$$

En supprimant le facteur commun $-2a$, on a

$$[6] \qquad\qquad x''=\frac{2c}{b-\sqrt{b^2+4ac}}.$$

Si maintenant on fait $a=0$, $b=0$, il vient $x''=\frac{2c}{0}$.

N. B. Si $a=0$, $b=0$, $c=0$, les formules [3] et [4], ainsi que leurs transformées [5] et [6], deviennent toutes quatre $\tfrac{0}{0}$. Dans ce cas les racines sont réellement indéterminées; car l'équation proposée se réduit à une identité $0=0$.

DÉCOMPOSITION DES TRINOMES DU SECOND DEGRÉ EN FACTEURS DU 1er DEGRÉ.

197. Par *trinome du 2e degré*, fonction d'une lettre x, on entend une expression contenant un terme en x^2, un terme en x et un troisième terme indépendant de cette lettre. Tels sont

$$x^2 + px + q. \qquad ax^2 + bx + c.$$

Le terme qui contient x^2 est toujours censé positif; les deux autres termes peuvent être positifs ou négatifs.

Toute quantité (numérique ou littérale) qui, mise à la place de x, réduit le trinome à zéro, est dite *racine* du trinome.

198. D'après cela, les racines des trinomes ci-dessus ne sont autre chose que les racines des équations

$$x^2 + px + q = 0 \qquad ax^2 + bx + c = 0.$$

D'où l'on conclut, qu'*un trinome du 2e degré admet toujours deux racines, qui peuvent être réelles et inégales, ou réelles et égales, ou bien imaginaires.*

199. *Pour qu'un trinome du 2e degré, fonction de* x *soit divisible par* $x — \alpha$, *il faut et il suffit que* α *soit racine du trinome.* Pour se convaincre de l'exactitude de ce principe, on n'a qu'à effectuer les divisions ci-après

$$
\begin{array}{l}
\qquad\quad x^2 + px + q \quad \Big)\; \dfrac{x - \alpha}{x + p} \\[2pt]
\qquad\quad -x^2 + \alpha x \qquad\qquad\; +\alpha \\[2pt]
1^{er}\ \text{reste} \left\{ \begin{array}{l} +p\,|x + q \\ +\alpha\,| \end{array} \right. \\[14pt]
\qquad\qquad -p\,|x + p\alpha \\
\qquad\qquad -\alpha\,| \quad +\alpha^2 \\[2pt]
2^e\ \text{reste} \quad \alpha^2 + p\alpha + q
\end{array}
$$

$$
\begin{array}{l}
\qquad\quad ax^2 + bx + c \quad \Big)\; \dfrac{x - \alpha}{ax + b} \\[2pt]
\qquad\quad -ax^2 + a\alpha x \qquad\qquad +a\alpha \\[2pt]
1^{er}\ \text{reste} \left\{ \begin{array}{l} +b\,|x + c \\ +a\alpha\,| \end{array} \right. \\[14pt]
\qquad\qquad -b\,|x + b\alpha \\
\qquad\qquad -a\alpha\,| \quad +a\alpha^2 \\[2pt]
2^o\ \text{reste} \quad a\alpha^2 + b\alpha + c
\end{array}
$$

Chaque division conduit à un reste qui n'est autre chose que le dividende dans lequel on remplacerait x par α. Lors donc que α est racine des trinomes proposés, les restes devront être nuls, et ils ne seront nuls qu'à cette condition seule. Ce qui démontre le théorème énoncé.

N. B. On peut encore démontrer cette propriété sans avoir recours à la division. En effet si α est racine de $x^2 + px + q$, on devra avoir $\quad \alpha^2 + p\alpha + q = 0;\quad$ d'où $\quad q = -\alpha^2 - p\alpha.$

Substituant cette valeur de q dans le trinome proposé, on a
$$x^2 - \alpha^2 + px - p\alpha = (x+\alpha)(x-\alpha) + p(x-\alpha) = (x-\alpha)(x+\alpha+p).$$

On démontrerait de même que si x est racine de $ax^2 + bx + c$,
on a $\qquad ax^2 + bx + c = (x-\alpha)(ax + a\alpha + b).$

200. *Un trinome du 2me degré, fonction de* x, *peut toujours être décomposé en deux facteurs du 1er degré en* x. *Ces facteurs sont les différences algébriques entre* x *et les deux racines du trinome.*

La première partie de cette proposition est une conséquence immédiate du n° 199.

En second lieu, si α est racine de $x^2 + px + q$, ce trinome ne se divise pas seulement par $x - \alpha$, mais aussi par $x + \alpha + p$, qui revient à $x - (-\alpha - p)$. Donc ce trinome admet aussi pour racine
$$(-\alpha - p).$$

Vérification. $(-\alpha - p)^2 + p(-\alpha - p) + q = \alpha^2 + p\alpha + q = 0.$

De même, si α est racine de $ax^2 + bx + c$, ce trinome se divise par $ax + a\alpha + b$, qui revient à $x - \left(-\alpha - \dfrac{b}{a}\right)$.

Donc ce trinome admet pour racine $\qquad \left(-\alpha - \dfrac{b}{a}\right)$..

Vérification. $a\left(-\alpha - \dfrac{b}{a}\right)^2 + b\left(-\alpha - \dfrac{b}{a}\right) + c = a\alpha^2 + b\alpha + c = 0.$

201. Corollaire. *Un trinome du 2e degré est un carré parfait lorsque ses racines sont égales ;* car alors il est le produit de deux facteurs égaux.

202. *Dans un trinome de la forme* x^2+px+q *(le coefficient de* x^2 *étant l'unité),* la somme des deux racines est *égale au coefficient* p *du second terme, pris en signe contraire ; et le produit des racines est égal au terme tout connu* q.

1re **Démonstration.** Nous avons vu (n° 200) que l'une des racines étant α, l'autre est $\qquad -\alpha - p$.

La somme de ces racines est évidemment égale à $-p$.

En second lieu, on a $\alpha^2 + p\alpha + q = 0$; d'où $q = -\alpha^2 - p\alpha$; ou
$$q = \alpha(-\alpha - p).$$

Cette égalité démontre la seconde partie du principe énoncé.

7.

2me **Démonstration** En désignant par x' et x'' les deux racines du trinome x^2+px+q, on aura, en vertu du n° 200.

$$x^2+px+q=(x-x')(x-x'').$$

Mais $(x-x')(x-x'')$ revient à $x^2-(x'+x'')x+x'x''$. Donc

$$x^2+px+q = x^2-(x'+x'')x+x'x''.$$

Or, le second membre de cette égalité devant être identiquement le même que le premier, il faut qu'on ait

$$p=-(x'+x''), \qquad q=x'x''.$$

3me **Démonstration.** Pour avoir les racines du trinome x^2+px+q, on n'a qu'à résoudre l'équation $x^2+px+q=0$; et l'on trouvera, en désignant par x' et x'' les racines

$$x'=-\tfrac{1}{2}p+\sqrt{\tfrac{1}{4}p^2-q}$$
$$x''=-\tfrac{1}{2}p-\sqrt{\tfrac{1}{4}p^2-q}$$

Ajoutant ces égalités, membre à membre, on a

$$x'+x''=-p.$$

Multipliant les égalités précédentes, membre à membre, on a

$$x'x''=(-\tfrac{1}{2}p)^2-(\sqrt{\tfrac{1}{4}p^2-q})^2=\tfrac{1}{4}p^2-(\tfrac{1}{4}p^2-q)=q.$$

203. **Remarque.** En désignant par x' et x'' les racines du trinome ax^2+bx+c, et raisonnant comme précédemment, on démontrerait les égalités suivantes :

$$ax^2+bx+c=a(x-x')(x-x''); \quad x'+x''=-\frac{b}{a} \text{ et } x'x''=\frac{c}{a}.$$

Remarque. La condition nécessaire et suffisante pour que ax^2+bx+c soit un carré parfait, est $b^2=4ac$.

Pour le démontrer, on n'a qu'à résoudre l'équation

$$ax^2+bx+c=0.$$

204. Nous allons appliquer les considérations précédentes à quelques exemples,

Problème I. *Composer un trinome du 2e degré dont les racines soient des quantités données 5 et -8 ?*

D'après les principes des n°s 200 et 202, on n'a qu'à poser

$$(x—5)(x+8) \quad \text{ou bien} \quad x^2—(5—8)x+(—8\times5).$$

En effectuant les calculs on trouve pour chaque expression

$$x^2+3x—40.$$

205. PROBLÈME II. *Composer un trinome du 2e degré dont les racines se réduisent à une seule $\frac{2}{3}$.*

On pose $$(x—\tfrac{2}{3})^2 ;$$

ce qui donne $$x^2—\tfrac{4}{3}x+\tfrac{4}{9} ;$$

et en multipliant par 9, $9x^2—12x+4$.

206. PROBLÈME III. *Composer un trinome bi-carré dont les racines soient ±2 et ±6.*

On a d'abord $x=\pm2$ et $x=\pm6$. Par suite $x^2=4$ et $x^2=36$.

Par conséquent, on posera . . . . $x^4—(4+36)x^2+4\times36$:

ce qui donne $$x^4—40x^2+144.$$

207. PROBLÈME IV. *Composer un trinome bi-carré dont les racines soient $\pm(\sqrt6+\sqrt2)$ et $\pm(\sqrt6—\sqrt2)$.*

On a d'abord $x=\pm(\sqrt6+\sqrt2)$. Par suite $x^2=8+\sqrt{48}$

$$x=\pm(\sqrt6—\sqrt2). \quad . . . . . \quad x^2=8—\sqrt{48}.$$

Les valeurs de x^2 donnent 16 pour somme et pour produit : donc le trinome demandé est $\qquad x^4—16x^2+16$.

208. PROBLÈME V. *Composer un trinome du 2e degré dont les racines soient des quantités imaginaires $3+2\sqrt{—1}$ et $3—2\sqrt{—1}$.*

En formant le produit des racines, on a successivement

$$(3+2\sqrt{—1})(3—2\sqrt{—1}) = 9—4(\sqrt{—1})^2 = 9+4 = 13.$$

D'ailleurs la somme des racines est 6; donc le trinome demandé est

$$x^2—6x+13.$$

N. B. En vertu du n° 194, 3°, on aurait pu poser

$(x—3)^2+2^2$; ce qui donne $x^2—6x+9+4 = x^2—6x+13$.

209. PROBLÈME VI. *Décomposer en deux facteurs les trinomes*

$$2x^2+3x+1, \qquad 3x^2-7x+2, \qquad 3x^2-2x-8.$$

On pose $\quad 2x^2+3x+1=0$; d'où $\quad x=-1 \quad$ et $\quad x=-\frac{1}{2}$

$\qquad\qquad\quad 3x^2-7x+2=0$; d'où $\quad x=\ 2 \quad$ et $\quad x=\ \frac{1}{3}$

$\qquad\qquad\quad 3x^2-2x-8=0$; d'où $\quad x=\ 2 \quad$ et $\quad x=-\frac{4}{3}$

Par suite on a, en vertu du n° 203 :

$$2x^2+3x+1=2(x+1)(x+\tfrac{1}{2})=(x+1)(2x+1)$$
$$3x^2-7x+2=3(x-2)(x-\tfrac{1}{3})=(x-2)(3x-1)$$
$$3x^2-2x-8=3(x-2)(x+\tfrac{4}{3})=(x-2)(3x+4).$$

DES INÉGALITÉS DU SECOND DEGRÉ.

210. PROBLÈME I. *Déterminer les valeurs de* x *qui satisfont à l'inégalité*

[1] $$\qquad\qquad x^2<10x-16.$$

En passant tous les termes dans le 1er membre, on a

$$x^2-10x+16<0.$$

Décomposant le trinome en facteurs, il vient

$$(x-2)(x-8)<0.$$

Ici on reconnaît sur-le-champ que tout nombre entier ou fractionnaire, compris entre 2 et 8, rend le premier facteur positif et le second négatif; le produit sera donc négatif et par conséquent plus petit que zéro. Donc l'inégalité proposée [1] est satisfaite par tout nombre compris entre les deux racines 2 et 8 du trinome $x^2-10x+16$.

REMARQUE. Tout nombre plus grand que 8, rend les deux facteurs du produit $(x-2)(x-8)$ positifs.

Tout nombre plus petit que 2, rend ces facteurs négatifs.

Dans l'un et l'autre cas le produit devient positif et par conséquent plus grand que zéro. Ainsi tout nombre qui tombe hors des racines 2 et 8 du trinome $x^2-10x+16$, vérifie l'inégalité $x^2-10x+16>0$ et par suite

[2] $$x^2>10x-16.$$

211. Problème II. *Déterminer les valeurs de* x *qui satisfont aux inégalités :*

$$2x^2<5x+3; \qquad 3x^2<26-7x.$$

En transposant, on a respectivement

$$2x^2-5x-3<0, \qquad 3x^2+7x-26<0.$$

Décomposant en facteurs, on trouve respectivement

$$2(x-3)(x+\tfrac{1}{2})<0 \qquad 3(x-2)(x+\tfrac{13}{3})<0.$$

On voit sur-le-champ que toute valeur comprise entre 3 et $-\tfrac{1}{2}$ satisfait à l'inégalité

$$2x^2<5x+3.$$

Et toute valeur qui tombe hors de ces limites satisfait à l'inégalité inverse

$$2x^2>5x+3.$$

On voit de même que l'inégalité $3x^2<26-7x$ se vérifie par toutes les valeurs comprises entre les limites 2 et $-4\tfrac{1}{3}$; et que toute autre valeur satisfait à l'inégalité

$$3x^2>26-7x.$$

212. D'après ce qu précède on démontre aisément les propriétés que voici :

Dans un trinome du 2e degré, dont le premier terme est positif: 1° Si les racines sont réelles, toute quantité comprise entre les deux racines et mise à la place de l'inconnue, donne un résultat négatif, et toute quantité non comprise entre les racines, donne un résultat positif; 2° Si les racines sont imaginaires, toute quantité mise à la place de l'inconnue donne toujours un résultat positif.

CHAPITRE VIII.

PROBLÈMES DU SECOND DEGRÉ.

---

213. Problème. *Un maquignon achète un cheval qu'il revend au bout de quelque temps 24 louis. A ce marché il perd autant pour 100 que le cheval lui avait coûté. Combien l'avait-il payé?*

Soit x le nombre des louis que le cheval avait coûté.

Le maquignon perd x pour 100, et par conséquent $\frac{1}{100}$ pour 1.

Donc pour x louis, prix de l'achat, il perd x fois $\frac{1}{100}x$ ou $\frac{1}{100}x^2$.

Cette perte, ôtée du prix de l'achat, donne le prix de la vente; ce prix est donc . . . . $x-\frac{1}{100}x^2$.

D'un autre côté, on sait que le prix de la vente est 24.

On a donc l'équation

$$x-\frac{x^2}{100}=24.$$

De là on tire successivement

$$x^2-100x=-2400$$
$$x = 50\pm\sqrt{2500-2400}$$
$$x = 50\pm\sqrt{100}$$
$$\begin{cases} x = 50+10=60 \\ x = 50-10=40. \end{cases}$$

Ainsi le cheval peut avoir coûté 60 ou 40 louis.

214. Problème II. *Deux maquignons fournissent des chevaux à un régiment, en tout pour 700 louis. Le second fournit 3 chevaux de plus que le premier. Si le 1ᵉʳ avait vendu ses chevaux au même prix que le second, il en eût retiré 250 louis. Si le 2ᵉ avait vendu ses chevaux au même prix que le premier, il en eut retiré 480 louis. Combien ont-ils fourni de chevaux chacun, et combien les ont-ils vendus ?*

Soit x le nombre des chevaux vendus par le 1ᵉʳ maquignon.

Le second en a donc vendu. . . . . $x+3$.

Pour $x+3$ chevaux le 1ᵉʳ aurait retiré. . . 480 louis.

Donc le prix d'un cheval du 1ᵉʳ maquignon est $\dfrac{480}{x+3}$.

Et comme il a fourni x chevaux, il a retiré en tout

$$\dfrac{480x}{x+3}\ \text{louis.}$$

De même, pour x chevaux le 2ᵉ maquignon eut retiré 250.

Donc le prix d'un cheval du 2ᵉ maquignon est $\dfrac{250}{x}$.

Donc pour ses $x+3$ chevaux il a retiré

$$\dfrac{250(x+3)}{x}\ \text{louis.}$$

La réunion de ces deux produits devant donner 700 louis, on a

$$\dfrac{250(x+3)}{x} + \dfrac{480x}{x+3} = 700.$$

Multipliant tous les termes par $x+3$, puis les divisant par x, il vient

$$\dfrac{250(x+3)^2}{x^2} + 480 = \dfrac{700(x+3)}{x}.$$

Divisant tous les termes par 250, et transposant, on a

$$\left(\dfrac{x+3}{x}\right)^2 - \dfrac{14}{5}\left(\dfrac{x+3}{x}\right) = -\dfrac{48}{25}.$$

D'où $\qquad \dfrac{x+3}{x} = \dfrac{7}{5} \pm \sqrt{\dfrac{49}{25} - \dfrac{48}{25}}.$

De là on tire $\quad \dfrac{x+3}{x} = \dfrac{8}{5} \qquad$ et $\qquad \dfrac{x+3}{x} = \dfrac{6}{5}.$

Par suite $\qquad x = 5 \qquad$ et $\qquad x = 15.$

Ainsi le 1er maquignon a fourni 5 chevaux à raison de louis; et le second 8 chevaux à raison de 40 louis.

Ou bien, le 1er a fourni 15 chevaux à raison de 26 l. $\frac{2}{3}$; e second 18 chevaux à raison de 16 l. $\frac{2}{3}$.

215. Problème III. *Un bassin reçoit l'eau par deux binets. Si on les ouvre l'un après l'autre de manière que chacun remplisse la moitié de la capacité du bass celui-ci sera rempli en 50 minutes. Si, au contraire, les laisse couler ensemble, le bassin se remplira en minutes. Combien chaque robinet, coulant seul, me trait-il de temps à remplir le bassin?*

Représentons par 1 la capacité du bassin.

Soit *x minutes* le temps mis par le 1er robinet pour remp seul le bassin; soit *y* le temps mis par le second.

En 1 minute, le 1er remplira $\frac{1}{x}$ du bassin, et le second $\frac{1}{y}$.

Donc en 1 minute, les robinets coulant ensemble remplisse $\frac{1}{x} + \frac{1}{y}$; et en 24 minutes ils rempliront $24\left(\frac{1}{x} + \frac{1}{y}\right)$.

Et comme alors le bassin est rempli, on a l'équation

$$24\left(\tfrac{1}{x} + \tfrac{1}{y}\right) = 1; \quad \text{d'où} \quad 24(y+x) = xy \ . \ . \ . \ . \ [1]$$

Maintenant, pour remplir la moitié du bassin, le 1er robin mettra $\frac{1}{2}x$ minutes, et le second $\frac{1}{2}y$ minutes. Et comme alo il faut 50 minutes à eux deux, on a

$$\tfrac{1}{2}x + \tfrac{1}{2}y = 50; \quad \text{d'où} \quad x + y = 100 \ . \ . \ . \ . \ [2]$$

Remplaçant $x+y$ par 100 dans l'équ. [1], on a

$$2400 = xy \ . \ . \ . \ . \ . \ . \ . \ . \ . \ [3]$$

La question se trouve donc ramenée à chercher deux nom bres dont la somme est 100 et le produit 2400. Ces nombr sont donc les racines de l'équation

$$t^2 - 100t + 2400 = 0.$$

De là on tire
$$t = 50 + 10 = 60$$
$$t = 50 - 10 = 40.$$

Ainsi l'un des robinets mettrait 60 minutes et l'autre 40.

ÉNONCÉS DE PROBLÈMES A RÉSOUDRE.

Quel est le nombre dont le carré augmenté de 15 est égal à son octuple. (R. 5 ou 3.)

Par quel nombre faut-il diviser 24 pour que le diviseur augmenté du quotient donne 10 ? (R. par 6 ou 4)

Un nombre composé de deux chiffres est tel que, si on le divise par la somme de ses chiffres, on obtient le chiffre des dizaines au quotient, et tel encore que si on le divise par la différence de ses chiffres, on obtient 8 pour quotient. Quel est ce nombre? (R. 48)

Partager 26 en deux parties telles que leur produit donne 160. (R. 16 et 10.)

Une personne distribue 32 fr. à 10 pauvres : les hommes reçoivent chacun autant de fr. qu'il y a de femmes, et chaque femme reçoit autant de fr. qu'il y a d'hommes. Trouver le nombre des uns et des autres. (R. 8 et 2.)

Deux marchands vendent chacun d'une certaine étoffe, et retirent ensemble 140 fr. Le 1er qui a vendu 6 aunes de moins que l'autre, lui dit alors : vous auriez retiré 95 fr. de votre étoffe si vous l'aviez vendue au même prix que moi, tandis que moi je n'aurais retiré que 50 fr. de la mienne, si je l'avais vendue au même prix que vous. Combien d'aunes ont-ils vendues chacun ? (R. le 1er 10 ou 30, et le 2e 16 ou 36.)

Une personne a des jetons dans les deux mains, en tout 15. Si elle en passe 1 de la gauche dans la droite et qu'elle multiplie ensuite l'un par l'autre les nombres de jetons contenus alors dans les deux mains, elle aura 54 pour produit. Combien chaque main contenait-elle d'abord de jetons ? (R. la droite 10 ou 3 et la gauche 5 ou 12)

Deux nombres sont tels que si on les multiplie respectivement par 2 et 3, la somme des produits est égale à 40, et tels encore que si on multiplie leurs carrés respectivement par les mêmes nombres, la somme des nouveaux produits est égale à 350. Trouver ces nombres. (R. 5 et 10; ou bien 11 et 6.)

Trouver de laquelle de ses parties l'eau d'un vase doit diminuer pendant chaque minute, pour qu'en ôtant 4 litres à la fin de chaque minute, le vase soit vidé au bout de deux minutes. On sait que le vase contenait d'abord 15 litres d'eau. (R. du *tiers* ou des sept *cinquièmes*.) La dernière de ces valeurs ne saurait convenir au problème.

PROBLÈMES QUI ADMETTENT DES SOLUTIONS NÉGATIVES.

216. PROBLÈMES IV. *Suivant qu'un chasseur abat une pièce de gibier ou qu'il la manque, il reçoit ou donne une partie déterminée de l'argent qu'il avait avant de tirer. Ayant tiré deux coups, dont l'un juste et l'autre manqué, le chasseur qui avait d'abord 288 fr. n'a plus que 286 fr. Combien a-t-il donné pour le coup manqué, combien a-t-il reçu pour le coup juste?*

Soit x le dénominateur de la partie cherchée.

En tirant juste la 1re fois, le chasseur reçoit $\frac{1}{x}$ de 288 francs, alors il a $288 + \frac{1}{x} 288$.

En manquant le second coup, il donne $\frac{1}{x} (288 + \frac{1}{x} 288)$, il n'a plus alors que $288 + \frac{1}{x} 288 - \frac{1}{x}(288 + \frac{1}{x} 288)$.

Or, il ne lui reste plus alors que 286 fr. Donc on a l'équation

$$[1] \qquad 288 + \frac{288}{x} - \frac{1}{x}\left(288 + \frac{288}{x}\right) = 286.$$

Effectuant les calculs, on trouve, réductions faites,

$$[2] \quad \ldots \ldots \quad x^2 = 144; \quad \text{d'où} \quad x = \pm 12.$$

Ainsi, suivant qu'il perd ou qu'il gagne, le chasseur donne ou reçoit la 12me partie de l'argent qu'il avait avant de tirer.

Effectivement, la 12me partie de 288 est 24; donc après le coup qui réussit, le chasseur a $288 + 24$ ou 312.

Après le 2me coup qu'il manque, il donne le 12me de 312 ou 26, et n'a plus alors que $312 - 26$ ou 286.

REMARQUE. La valeur $x = -12$, prise positivement, résout le problème traduit par l'équation qui résulte de la proposée [1], quand on y change x en $-x$; ce qui donne

$$288 - \frac{288}{x} + \frac{1}{x}\left(288 - \frac{288}{x}\right) = 286.$$

Ce nouveau problème ne différera du proposé, qu'en ce que l'ordre du gain et de la perte sera seulement interverti.

Effectivement, si le chasseur manque le 1er coup, il devra donner 24 fr. et n'aura plus alors que 288—24 ou 264.

Mais après le 2e coup qui réussit, il recevra le 12me de 264 ou 22, et aura alors 264+22 ou 286.

217. **Problème V.** *Cinq cents francs, placés à intérêts composés, ont rapporté* 105 *francs au bout de deux ans. Trouver le taux de l'argent?*

Soit x l'intérêt que rapporte 1 franc par an.

Les 500 fr. auront rapporté $500x$ au bout de la 1re année.

Le capital de la seconde année sera par conséquent $500+500x$.

Cette somme placée pendant un an, rapportera $(500+500x)$ fois x.

Cet intérêt, ajouté à l'intérêt de la 1re année, qui est $500x$, devant donner 105 fr., il faut qu'on ait

$$[1] \ldots \ldots \quad x(500 + 500x) + 500x = 105.$$

De là $\quad 500x^2 + 1000x = 105$; d'où $x = \frac{1}{10}$ et $x = -\frac{21}{10}$.

Puisque 1 fr. rapporte $\frac{1}{10}$ de fr., 100 fr. rapporteront 10 fr. L'argent était donc placé à 10 p. $\frac{0}{0}$.

Pour avoir le problème résolu, par la valeur négative $-\frac{21}{10}$, il faut changer x en $-x$ dans l'équ. [1]; ce qui donne

$$-x(500-500x)-500x=105;$$

ou bien $\quad x(500x-500)-500x=105,$

ou encore $\quad x[(500+500x)-1500]=105.$

Cette équation peut être traduite ainsi :

Un négociant emploie 500 *fr. pour une entreprise commerciale. Au bout d'un an il retire* 1500 *fr. et laisse le reste pendant une seconde année. Ce nouveau capital, placé au même taux que le capital primitif, rapporte* 105 *fr. au bout de l'an. Trouver l'intérêt de l'argent.* (R. 210 p. $\frac{0}{0}$.)

218. **Problème VI.** *Deux maquignons fournissent* *chevaux à un régiment, et rapportent la même somm* *chacun, quoique le second ait fourni plus de cheva* *que le premier. Si le second avait vendu ses chevaux* *prix auquel le premier a vendu les siens, il eût retiré 1* *louis; et si le premier avait vendu ses chevaux au mêm* *prix que le second, il n'en eût retiré que 36 louis. Con* *bien ont-ils fourni de chevaux chacun?*

Soit x le nombre des chevaux fournis par le premier maqu gnon; le second en aura fourni $24-x$. Si le second avait reti 100 louis pour ses $24-x$ chevaux, un cheval aurait coûté $\frac{100}{24-x}$ et comme alors il aurait vendu ses chevaux au prix auquel premier a vendu les siens, il s'ensuit qu'un cheval du premi maquignon a été vendu $\frac{100}{24-x}$ louis. Les x chevaux du premi maquignon ont donc rapporté $\frac{100x}{24-x}$.

Par un raisonnement semblable, on trouverait que le secon maquignon a rapporté $\frac{36(24-x)}{x}$. Et comme ils ont rapporté l même somme chacun, il faut qu'on ait

$$\frac{36(24-x)}{x} = \frac{100x}{24-x}.$$

Chassant les dénominateurs, il vient

$$36(24-x)^2 = 100x^2; \quad \text{d'où} \quad 6(24-x) = \pm 10x.$$

Cette dernière équation donne $x=9$ et $x=-36$.

La valeur négative prise positivement résout le problèm suivant : *Deux maquignons fournissent des chevaux à u régiment, et rapportent la même somme chacun, quoiqu le second ait fourni 24 chevaux de plus que l'autre.*

Du reste l'énoncé est le même que le proposé.

219. **Problème VII.** *Deux courriers partent en mêm temps, l'un de la ville A et l'autre de la ville B. Ils von l'un contre l'autre et marchent tellement qu'au momen de leur rencontre, il faudrait encore 4 jours au premie*

...ur arriver en B, et 9 jours au second pour arriver en ... On demande combien chaque courrier fait de lieues ...r jour, sachant qu'après s'être rencontrés, le premier ...ait 30 lieues de plus que le second?

Supposons que le 1er fasse x lieues et le 2me y lieues par jour. Puisque au moment de la rencontre, il faut encore 4 jours au ...° pour arriver en B, c'est-à-dire pour faire le chemin parcouru par le 2e, il est clair que le chemin parcouru par le 2e courrier est $4x$.

Par des raisonnements semblables, on trouverait que le chemin parcouru par le 1er courrier est $9y$. Or, celui-ci a fait 30 lieues de plus que l'autre; donc on a

[1] . . . . . . $9y - 4x = 30.$

Maintenant, le premier courrier ayant fait $9y$ lieues en tout, et faisant x lieues par jour, aura été en route pendant $\frac{9y}{x}$ jours. De même, le 2e aura mis $\frac{4x}{y}$ jours. Et comme ils sont partis en même temps, il faut qu'on ait

[2] $$\frac{9y}{x} = \frac{4x}{y}$$

qui donne $\qquad 9y^2 = 4x^2$

par suite $\qquad 3y = \pm 2x.$

L'équ. [1] combinée avec celle-ci donne $\quad x = 15$ et $x = -3.$

Par suite on trouve. . . . . $y = 10$ et $y = 2.$

Le changement de x en $-x$ conduit aux équations

$$9y + 4x = 30 \qquad \text{et} \qquad \frac{9y}{x} = \frac{4x}{y}.$$

Les valeurs $x = 3$ et $y = 2$ résoudront donc le problème suivant : *Deux courriers éloignés l'un de l'autre de 30 lieues, partent en même temps, vont l'un contre l'autre et marchent tellement*, etc.

Deux voyageurs partent au même instant du même endroit pour se rendre à une ville à 40 lieues de là. L'un fait par jour 4 lieues de plus que l'autre, et arrive 5 jours avant lui. Combien chacun fait-il de lieues par jour? (R. l'un 8 et l'autre 4, ou bien l'un — 4 et l'autre — 8.)

Le changement de x en $-x$ dans l'équation de ce problème ne conduit à aucun énoncé nouveau.

Un maquignon achète un cheval qu'il revend ensuite 560 fr. A co
vente il gagne autant pour 1000 fr. du prix de l'achat que le cheval l
coûté. Trouver le prix de l'achat? (R. 400 fr. ou — 1400 fr.)

La valeur négative prise positivement résout le problème suivar
Un maquignon achète un cheval; en le revendant ensuite, il gagne au
pour 1000 fr. du prix de l'achat que le cheval lui a coûté; ensorte q
gagne sur ce cheval une somme qui surpasse de 560 fr. le prix de l'acha

Un marchand achète trois coupons de drap de qualités différentes,
tout pour 162 fr. Une aune de la première qualité coûte autant de fra
qu'il y a d'aunes dans chaque coupon; une aune de la deuxième co
8 fr. de moins, et une de la troisième coûte la moitié du prix d'une au
de la seconde. Combien y a-t-il d'aunes dans chaque coupon? (R
ou — $7\frac{1}{5}$.)

Pour avoir le problème résolu par $7\frac{1}{5}$, il faut modifier l'énoncé com
il suit : *Une aune de la deuxième qualité coûte 3 fr. de plus qu'u*
aune de la première. Du reste, l'énoncé est exactement le même que
précédent.

Des voyageurs louent une voiture pour 175 fr. ; arrivés à leur destin
tion, deux d'entre eux s'échappent sans payer, et augmentent de 10 f
par leur fuite, ce que chacun des autres voyageurs avait à payer avan
Trouver le nombre des voyageurs? (R. 7 et — 5.)

La valeur 5 répond à l'énoncé suivant. Des voyageurs louent u
voiture pour 175 fr. Ils rencontrent en route deux personnes qu'ils y
mettent à condition qu'elles payeront comme eux ; alors chaque voyage
paie 10 fr. de moins qu'auparavant.

Un bassin rempli d'eau peut se vider en 6 heures, lorsqu'on ouvre e
semble ses trois orifices A, B et C. On demande combien chaque orifi
coulant seul, mettra de temps à vider le bassin, sachant que C met 5 heu
de plus que B, tandis que B met un quart de temps de moins que

(Réponse.   A $= 20$ heures,   B $= 15$ h.   et C $= 20$ h.
ou bien   A $= -4$ h. $\frac{2}{3}$,   B $= -3$ h. $\frac{1}{2}$ et C $= 1$ h. $\frac{1}{2}$.

L'interprétation des valeurs négatives conduit à cet énoncé : U
bassin reçoit l'eau par deux orifices A et B, et la perd par un troisième C
Lorsqu'au moment où le bassin est rempli, on ouvre les trois orifices,
sera vidé au bout de 6 heures. On demande combien chaque orifice co
lant seul, mettrait de temps à verser la totalité de l'eau que peut conten
le bassin.

220. Problème VIII. *Trouver les côtés d'un triangle rectangle, dont on connaît le contour 12 mètres, et la surface 6 mètres carrés.*

En désignant par x et y les côtés de l'angle droit, on aura, en vertu d'un théorème de géométrie,

$$\frac{xy}{2}=6; \text{ d'où } xy=12 \quad \ldots \ldots \quad [1]$$

Soit z l'hypothénuse du triangle, on aura, en vertu d'un autre théorème de géométrie,

$$x^2+y^2=z^2 \quad \ldots \ldots \ldots \quad [2]$$

Enfin, l'énoncé du problème donne

$$x+y+z=12 \quad \ldots \ldots \quad [3]$$

De là on tire $\qquad z=12-(x+y)$.

Par suite $\qquad z^2=144-24(x+y)+x^2+2xy+y^2$.

Si dans cette égalité on remplace xy par son égal 12 et z^2 par x^2+y^2, on aura

$$x^2+y^2=144-24(x+y)+x^2+24+y^2.$$

De là on tire $\qquad x+y=7$.

Cette relation jointe à l'équation $xy=12$ donne

$$x=4 \quad \text{et} \quad y=3;$$

ou bien $\qquad x=3 \quad \text{et} \quad y=4$.

Par suite on trouve $z=5$. Donc les côtés du triangle demandé sont 3, 4 et 5.

N. B. Nous engageons les élèves à résoudre ce problème d'une manière générale, en désignant le contour du triangle par $2a$ et la surface par s. Ils devront trouver

$$x=\frac{a^2+s+\sqrt{a^4+s^2-6sa^2}}{2a}$$

$$y=\frac{a^2+s-\sqrt{a^4+s^2-6sa^2}}{2a}.$$

Une personne distribue 108 fr. à des pauvres, hommes et femmes. Il y a trois femmes de plus que d'hommes et elles reçoivent par tête 3 fr. de moins. Trouver le nombre des uns et des autres. (R. 9 h. et 12 f. ; ou bien — 12 h. et — 9 f.)

Le problème résolu par les valeurs négatives ne diffère du précéde[nt] qu'en ce que le mot *homme* est remplacé par le mot *femme ;* et récipro quement.

On a employé deux ouvriers gagnant des salaires différents ; le pre mier ayant été payé après un certain temps, a reçu 48 fr., le second qui avait travaillé 2 jours de moins n'a reçu que 20 fr. Si le premier avai[t] travaillé 4 jours de moins et l'autre 6 jours de plus, ils auraient reçu tou[s] les deux la même somme. On demande combien de jours chacun a tra vaillé et le prix de sa journée. (R. le premier a travaillé 12 jours et gagnai[t] 4 fr., le second a travaillé 10 jours et gagnait 2 fr.)

Ce problème admet encore une solution négative dont l'interprétatio[n] serait peu commode.

Trouver une proportion par quotient dans laquelle la somme des term[es] extrêmes soit 14 , celle des moyens 11 , et la somme des quatrièmes puis sances de tous les termes 24929. (R. 12 : 8 : : 3 : 2.)

Trouver les côtés de deux rectangles dont la somme des surfaces est d[e] 10 mètres carrés, la somme des bases de 3 mètres , et dont les surfac[es] deviennent chacune 4 mètres carrés , quand à la base de chacun o[n] donne la hauteur de l'autre. (R. L'un des rectangles a pour côtés 1 et mètres, et l'autre 2 et 4 mètres.)

Trouver un nombre composé de trois chiffres , tel que chaque chiffr[e] multiplié successivement par la somme des deux autres, donne les pro duits 27, 32 et 35. (R. 345.)

La somme de deux nombres x et y est 12. En les augmentant chacu[n] d'une même quantité z, le produit des deux sommes surpassera de 28 cel[ui] des deux premiers nombres. Trouver x, y, z.

Réponse : on a $z = 2$ et $z = -14$; mais x et y sont indéterminés. C[e] qui montre que *toutes les fois que la somme de deux nombres est 12, leur produit sera moindre de 28 que celui des deux résultats qu'on obtient en augmentant ces nombres chacun de 2, ou bien en les re tranchant chacun de 14.*

INTERPRÉTATION DES VALEURS IMAGINAIRES.

221. Problème IX. *Un marchand vend un meuble 39 fr., et à ce marché il perd autant pour 100 que le meuble lui a coûté. Combien l'avait-il acheté?*

En représentant par x le prix du meuble, et raisonnant comme au n° 213, on verra que l'équation du problème est

$$[1] \qquad x - \frac{x^2}{100} = 39.$$

De là on tire
$$[2] \qquad x^2 - 100x = -3900$$
$$[3] \qquad x = 50 \pm \sqrt{2500 - 3900}$$
$$x = 50 \pm \sqrt{-1400}$$

Les valeurs de x étant imaginaires, on doit en conclure que le problème proposé est impossible. Pour rendre les valeurs de x réelles, il suffit de changer, dans la form. [3] le signe de 3900; ce qui donne

$$x = 50 \pm \sqrt{2500 + 3900}$$

D'où l'on tire;
$$\begin{cases} x = 50 + 80 = 130 \\ x = 50 - 80 = -30. \end{cases}$$

Pour avoir le problème résolu par ces valeurs, il faut aussi changer le signe de 3900 dans l'équ. [2]; ce qui donne
$$x^2 - 100x = 3900;$$

ou bien
$$[5] \qquad \frac{x^2}{100} - x = 39.$$

Cette équation peut se traduire en ces termes : *Un marchand vend un meuble et gagne autant pour 100 que le meuble lui a coûté. En sorte que le bénéfice seul surpasse de 39 fr. le prix de l'achat. Combien l'a-t-il acheté?* (R. 130 fr.)

Quand à la valeur négative $x = -30$, en la prenant positivement, elle résoudra le problème traduit par l'équ. [5], après qu'on y aura changé x en $-x$; ce qui donne

$$\frac{x^2}{100} + x = 39.$$

L'énoncé de ce nouveau problème sera donc :

Un marchand vend un meuble 39 fr., et à ce marché il gagne autant pour 100 que le meuble lui a coûté. Combien l'a-t-il acheté? (R. 30 fr.)

8

222. Problème X. *Un vase contient 18 litres d'eau ; de laquelle de ses parties cette eau doit-elle diminuer pendant chaque minute, pour qu'en y ajoutant 3 litres à la fin de chaque minute, le vase soit vidé au bout de deux minutes ?*

Soit x le dénominateur de la partie cherchée.

En perdant la xme partie de son eau, puis recevant 3 litres, le vase contiendra au commencement de la 2e minute $18 - \frac{1}{x} 18 + 3$.

En perdant la xme partie de cette nouvelle quantité d'eau, puis recevant 3 litres, il doit être vidé. Donc on a

$$[1] \quad 18 - \frac{18}{x} + 3 - \frac{1}{x}\left(18 - \frac{18}{x} + 3\right) + 3 = 0$$

Delà
$$[2] \quad 18 - \frac{18}{x} + 3 - \frac{18}{x} + \frac{18}{x^2} - \frac{3}{x} + 3 = 0$$

$$[3] \quad 24x^2 - 39x = -18$$

$$[4] \quad x^2 - \frac{13}{8}x = -\frac{3}{4}$$

$$[5] \quad x = \frac{13}{16} \pm \sqrt{\frac{169}{256} - \frac{3}{4}}$$

$$[6] \quad x = \frac{13}{16} \pm \sqrt{\frac{169-192}{256}}$$

$$[7] \quad x = \frac{13}{16} \pm \sqrt{-\frac{23}{256}}$$

Cette solution imaginaire montre que le problème proposé est impossible dans l'état actuel de son énoncé.

Pour rendre les valeurs de x réelles, il suffit de changer dans la form. [6] le signe de 192 ; ce qui donne

$$x = \frac{13}{16} \pm \sqrt{\frac{169+192}{256}} \Bigg\} \quad \text{d'où} \quad \begin{cases} x = \frac{13}{16} + \frac{19}{16} = 2 \\ x = \frac{13}{16} - \frac{19}{16} = -\frac{3}{8} \end{cases}.$$

Mais en changeant le signe de 192 dans la form. [6], il faut aussi changer le signe de $\frac{3}{4}$ dans la form. [5], et par suite dans l'équ. [4] ; enfin il faut changer le signe de 18 dans l'équ. [3] ; ce qui donne

$$24x^2 - 39x = 18.$$

Cette dernière équation se déduit évidemment de l'équ. [2], quand on y change le signe du terme $\frac{18}{x^2}$; ce qui conduit à

$$18 - \frac{18}{x} + 3 - \frac{1}{x}\left(18 + \frac{18}{x^2} + 3\right) + 3 = 0.$$

Comme le problème traduit par cette équation s'écarterait trop de l'énoncé primitif, nous ne nous en occuperons pas ; mais nous chercherons une autre modification de l'équ. [1]. Pour y arriver, nous résoudrons de nouveau cette équation, en y ayant soin d'indiquer simplement les calculs, afin de ne point altérer les quantités données 18 et 3. Alors nous trouverons

$$(18 + 3 \times 2)x^2 - (18 \times 2 + 3)x = -18$$

$$x = \frac{18 \times 2 + 3}{2(18 + 3 \times 2)} \pm \sqrt{\frac{(18 \times 2 + 3)^2}{4(18 + 3 \times 2)^2} - \frac{18}{18 + 3 \times 2}}$$

$$x = \frac{18 \times 2 + 3 \pm \sqrt{(18 \times 2 + 3)^2 - 18 \times 4(18 + 3 \times 2)}}{2(18 + 3 \times 2)}.$$

En développant le carré de la quantité qui est sous le radical, puis réduisant, on a

$$[8] \qquad x = \frac{18 \times 2 + 3 \pm \sqrt{3^2 - 3 \times 18 \times 4}}{2(18 + 3 \times 2)}$$

Ici l'on voit que pour rendre la quantité sous le radical positive, il suffit de changer le signe de 3 ou celui de 18. Et il est digne de remarque que dans l'un et l'autre cas, la form. [8] donne exactement les mêmes valeurs $x = 2$ et $x = \frac{3}{4}$.

Si de même on change le signe de 3 ou celui de 18 dans l'équation [1], elle devient, dans l'un et l'autre cas,

$$18 - \frac{18}{x} - 3 - \frac{1}{x}\left(18 - \frac{18}{x} - 3\right) - 3 = 0.$$

Ainsi, pour faire cesser toute impossibilité dans le problème proposé, il suffira de changer l'acception de la quantité 3, et de demander par conséquent : *De laquelle de ses parties l'eau d'un vase, qui contient actuellement 18 litres, doit-elle diminuer pendant chaque minute, pour qu'en retirant 3 litres au bout de chaque minute, le vase soit vidé après 2 minutes ?* (R. de sa moitié.)

N. B. La valeur $x = \frac{3}{4}$ ne répond pas à cet énoncé.

DISCUSSION DU PROBLÈME DES LUMIÈRES.

223. Problème XI. *Sur la droite* DE *qui joint deux lumières* A *et* B, *trouver un point* X *également éclairé par chacune.*

$$D \;\rule{2cm}{0.4pt}\!\!\underset{X''}{|}\!\!\rule{1cm}{0.4pt}\!\!\overset{A}{\star}\!\!\rule{2cm}{0.4pt}\!\!\underset{X}{|}\!\!\rule{2cm}{0.4pt}\!\!\overset{B}{\star}\!\!\rule{1cm}{0.4pt}\!\!\underset{X'}{|}\!\!\rule{1cm}{0.4pt}\; E$$

Faisons AB$=d$, BX$=x$, alors on a AX$=d-x$, en supposant que le point demandé tombe entre A et B.

Représentons par 1 la quantité de lumière répandue par B sur les points situés à 1 mètre de distance, et par m celle que répand A à la même distance (m sera le rapport des intensités des deux lumières).

Cela posé, rappelons ce principe de physique : que l'intensité de la lumière décroît en raison du carré de la distance ; c'est-à-dire qu'à une distance double, triple, etc., une même lumière éclaire 4 fois, 9 fois, etc., moins.

Maintenant, puisqu'à un mètre de distance, le corps A répand m unités de lumière, à $d-x$ mètres il répandra $(d-x)^2$ fois moins de lumière, c'est-à-dire $\frac{m}{(d-x)^2}$.

Pareillement, à la distance x, le corps B répandra $\frac{1}{x^2}$ de lumière. Or, à ces deux distances, les lumières fournies au point X par A et B doivent être égales ; donc on a

$$[1] \qquad \frac{1}{x^2} = \frac{m}{(d-x)^2}\;; \quad \text{d'où} \quad \frac{1}{x} = \pm\,\frac{\sqrt{m}}{d-x}\;;$$

en résolvant, cette dernière équation on a les deux valeurs

$$x = \frac{d}{1+\sqrt{m}}, \qquad\qquad x = \frac{d}{1-\sqrt{m}}.$$

1° Soit $m > 1$; ce qui suppose A plus intense que B.

La première valeur de x sera positive et $< \frac{1}{2}d$; ce qui détermine un point X placé entre A et B, conformément à notre supposition, et plus près de la lumière B la moins intense, comme cela doit être.

La seconde valeur de x sera négative et déterminera un point situé hors des deux lumières; et l'on reconnaît facilement qu'il existe, à la droite de B un point tel que X' qui est éclairé autant par A que par B. En effet, comme la valeur négative doit satisfaire à l'équ. [1], en la désignant par $-x'$, et la substituant, on aura

$$\frac{1}{x'^2} = \frac{m}{(d+x')^2}$$

Or, c'est là précisément l'équation que l'on aurait obtenue immédiatement, si l'on avait supposé la distance x mesurée de B vers E, au lieu de la mesurer de B vers D.

2° Soit $m < 1$; c'est supposer A moins intense que B.

On devra trouver pour la lumière A ce qui vient d'être dit pour la lumière B; et, en effet, cette hypothèse rend les valeurs de x positives; ce qui donne deux distances prises du même côté de B, c'est-à-dire mesurées de B vers D. La première valeur étant $< d$ et $> \frac{1}{2}d$ détermine un point placé entre A et B, et plus loin de la lumière B la plus intense.

La seconde valeur étant $> d$, détermine un point tel que X'' placé au-delà de A par rapport à B; et cela doit être, car nous aurions pu faire $BX'' = x$, et alors il serait venu

$$\frac{1}{x^2} = \frac{m}{(x-d)^2}.$$

Or, cette équation est identiquement la même que l'équ. [1], à cause de l'égalité $(d-x)^2 = (x-d)^2$.

3° Soit $m = 1$; ce qui suppose A et B d'égale intensité.

La première valeur devient $x = \frac{1}{2}d$, et détermine un point situé au milieu même de AB.

L'autre valeur devient $\frac{d}{0}$, et montre que s'il existait un second point également éclairé par les deux lumières, ce point se trouverait à une distance infinie de B. Effectivement, tout point infiniment loin de B, étant aussi infiniment loin de A, reçoit deux lumières d'égale intensité, qui émanent en quelque sorte d'un seul et même foyer; car la distance AB peut être considérée comme nulle à l'égard d'une distance infinie.

224. REMARQUE. Si l'on avait résolu l'équ. [1], sans la ramener d'abord au 1er degré, on aurait trouvé

$$x = \frac{d(1+\sqrt{m})}{1-m}, \qquad x = \frac{d(1-\sqrt{m})}{1-m}.$$

En faisant $m=1$, la seconde valeur devient $x=\frac{0}{0}$, tandis que l'on devrait avoir $x=\frac{1}{2}d$. Il faut donc que les deux termes de la fraction contiennent un facteur commun qui devient nul lorsque $m=1$. Effectivement ce facteur est $1-\sqrt{m}$.

Remarquons, en passant, que si dans ces formules on remplace $1-m$ par son égal $(1+\sqrt{m})(1-\sqrt{m})$, et qu'on supprime les facteurs communs aux numérateurs et aux dénominateurs, on retombera sur les formules trouvées plus haut.

225. PROBLÈME XII. *Décomposer un produit donné* p *en deux facteurs dont la somme soit égale à une quantité donnée* s.

On a   [1] $xy=p,$ $x+y=s.$

D'après ce qui a été dit au n° 202, on reconnaît sur-le-champ que les deux facteurs demandés sont les racines de l'équation

$$x^2 - sx + p = 0.$$

Par conséquent il n'y a qu'une seule solution :

[2] $x = \frac{1}{2}s + \sqrt{\frac{1}{4}s^2 - p}, \qquad y = \frac{1}{2}s - \sqrt{\frac{1}{4}s^2 - p}.$

1° Tant que $\frac{1}{4}s^2 > p$, les valeurs de x et y seront réelles et inégales, et l'on voit que ces valeurs différeront d'autant moins l'une de l'autre que la différence entre $\frac{1}{4}s^2$ et p est elle-même plus petite.

2° Si $\frac{1}{4}s^2 = p$, les valeurs de x et y seront réelles et égales.

3° Si $\frac{1}{4}s^2 < p$, les valeurs de x et y seront imaginaires, et le problème impossible. D'où l'on tire cette conséquence :

La plus petite somme que l'on puisse former avec les deux facteurs d'un produit, est égale au double de la racine carrée de ce produit. On voit en outre que *le plus grand produit que l'on puisse former avec les deux parties d'un nombre constant est égal au carré de la moitié de ce nombre.* Ce qui exige que les deux parties soient égales entre elles.

226. Quelle que soit la valeur absolue de p, si l'on change p en $-p$, les valeurs des inconnues seront toujours réelles : celle de x sera positive, celle de y négative.

Lors donc qu'on change à la fois p et y en $-p$ et $-y$, les équations et les formules deviendront

$$[3] \ldots \ldots \quad \left\{ \begin{array}{l} xy = p \\ x - y = s \end{array} \right. \qquad \begin{array}{l} x = \tfrac{1}{2}s + \sqrt{\tfrac{1}{4}s^2 + p} \\ y = -\tfrac{1}{2}s + \sqrt{\tfrac{1}{4}s^2 + p} \end{array}$$

227. Si dans les équ. [1] et les form. [2], on change x, y, p respectivement en x^2, y^2, p^2, on en déduit immédiatement celles-ci :

$$[4] \ldots \ldots \quad \left\{ \begin{array}{l} xy = p \\ x^2 + y^2 = s \end{array} \right. \qquad \left\{ \begin{array}{l} x^2 = \tfrac{1}{2}s + \sqrt{\tfrac{1}{4}s^2 - p^2} \\ y^2 = \tfrac{1}{2}s - \sqrt{\tfrac{1}{4}s^2 - p^2} \end{array} \right.$$

De là on tire

$$\left. \begin{array}{l} x = \pm \sqrt{\tfrac{1}{2}s + \sqrt{(\tfrac{1}{2}s + p)(\tfrac{1}{2}s - p)}} \\ y = \pm \sqrt{\tfrac{1}{2}s - \sqrt{(\tfrac{1}{2}s + p)(\tfrac{1}{2}s - p)}} \end{array} \right\} \begin{array}{l} \text{ou en} \\ \text{trans-} \\ \text{for-} \\ \text{mant} \end{array} \left\{ \begin{array}{l} x = \pm \dfrac{\sqrt{s + 2p} + \sqrt{s - 2p}}{2} \\ y = \pm \dfrac{\sqrt{s + 2p} - \sqrt{s - 2p}}{2} \end{array} \right.$$

Ces valeurs, en raison du double signe $\pm$ dont elles sont précédées, semblent annoncer quatre manières de satisfaire aux équ. [4].

Mais remarquons que le produit des inconnues doit être égal à un nombre positif p. Par conséquent il faut prendre les valeurs de x et y toutes deux avec le signe $+$, ou toutes deux avec le signe $-$. En sorte qu'il n'y a que deux solutions, qui sont égales et de signes contraires.

Remarquons en outre que le problème serait impossible, si on donnait à s une valeur plus petite que $2p$. Ainsi *la somme des carrés de deux nombres ne saurait être moindre que le double produit de ces nombres.*

228. Si dans les équ. [3] et leurs formules, on change x, y, p en x^2, y^2, p^2, on aura

$$\left. \begin{array}{l} xy = p \\ x^2 - y^2 = s \end{array} \right\} \left. \begin{array}{l} x^2 = \tfrac{1}{2}s + \sqrt{\tfrac{1}{4}s^2 + p^2} \\ y^2 = -\tfrac{1}{2}s + \sqrt{\tfrac{1}{4}s^2 + p^2} \end{array} \right\} \begin{array}{l} x = \pm \sqrt{\tfrac{1}{2}s + \sqrt{\tfrac{1}{4}s^2 + p^2}} \\ y = \pm \sqrt{-\tfrac{1}{2}s + \sqrt{\tfrac{1}{4}s^2 + p^2}} \end{array}$$

ici le problème est toujours possible.

QUESTIONS RELATIVES AUX *maxima* ET *minima*.

229. PROBLÈME XIII. *Déterminer la valeur de* x *à laquelle correspond le maximum de l'expression*

$$(x-4)\,(14-x).$$

Il s'agit de trouver pour x un nombre qui rende ce produit le plus grand possible.

1re MÉTHODE. On a vu au n° 40, que le produit de deux quantités est égal au carré de leur demi-somme, diminué du carré de leur demi-différence. Donc, la somme des quantités données restant la même, si leur différence est la plus petite possible ou zéro, le produit sera le plus grand possible.

Or, quel que soit x, la somme des facteurs $x-4$ et $14-x$ est une quantité constante 10. La plus grande valeur de leur produit a donc lieu lorsque leur différence est nulle, ou ce qui revient au même, lorsque les deux facteurs sont égaux. D'après cela on n'a qu'à poser

$$x-4=14-x, \quad \text{ou bien} \quad x-4=\tfrac{10}{2}=5, \quad \text{ou} \quad 14-x=5$$

de chacune de ces équations on tire $x=9$.

Cette valeur de x réduit le produit ci-dessus à 25.

Toute autre valeur de x (qui serait comprise entre les limites 4 et 14), donnerait un produit moindre que 25.

EXEMPLE.

$$
\begin{aligned}
x&=5 \quad \text{donnerait} \quad 1\times9= \ 9\\
x&=6 \quad \ldots\ldots \quad 2\times8=16\\
x&=7 \quad \ldots\ldots \quad 3\times7=21\\
x&=8 \quad \ldots\ldots \quad 4\times6=24
\end{aligned}
$$

On retrouverait les mêmes produits, si l'on faisait

$$x=10,\ 11,\ 12,\ 13.$$

2e MÉTHODE. Nous raisonnerons d'abord comme si le produit proposé devait être égal à une quantité déterminée m.

En conséquence nous poserons

$$(x-4)\,(14-x)=m.$$

Résolvant cette équation par rapport à x, il vient

$$x^2 - 18x = -56 - m ; \quad \text{d'où} \quad x = 9 \pm \sqrt{25 - m}.$$

La plus grande valeur que l'on puisse assigner à m, sans que le problème soit impossible, est 25 ; et elle donne $x = 9$.

Ainsi, le maximum du produit proposé est 25, et il correspond à $x = 9$.

230. **Problème XIV.** *Décomposer le produit* 36 *en deux facteurs dont la somme soit un minimum.*

Soit x l'un des facteurs, l'autre sera $\frac{36}{x}$. Représentons par m le minimum de leur somme, et nous aurons

$$x + \frac{36}{x} = m.$$

De là on tire successivement

$$x^2 - mx = -36$$
$$x = \tfrac{1}{2}m \pm \sqrt{\tfrac{1}{4}m^2 - 36}.$$

La plus petite valeur que l'on puisse attribuer à m, sans que x devienne imaginaire, est celle qui donne $\frac{1}{4}m^2 = 36$; d'où $\frac{1}{2}m = 6$, et $m = 12$; par suite $x = 6$.

Ainsi le minimum de la somme des deux facteurs cherchés est 12, et il correspond à $x = 6$.

L'un des facteurs cherchés étant 6, l'autre sera également 6.

231. **Problème XV.** *Partager* 20 *en deux parties telles que la somme de leurs carrés soit un minimum.*

En désignant par x l'une des parties, l'autre sera $20 - x$.

Soit m le minimum de la somme de leurs carrés. Nous aurons

$$x^2 + (20 - x)^2 = m :$$

d'où

$$x = 10 \pm \sqrt{\tfrac{1}{2}m - 100}.$$

La plus petite valeur de m est donc 200, et elle correspond à $x = 10$.

L'une des parties cherchées étant 10, l'autre sera aussi 10.

8.

232. Probleme XVI. *Assigner parmi tous les triangles rectangles de même surface, celui qui a le moindre périmètre.*

Soit z l'hypothénuse du triangle demandé, x et y les deux autres côtés; nous aurons, en vertu d'un théorème de géométrie,

$$[1] \qquad x^2 + y^2 = z^2.$$

Désignons par 1 la surface du rectangle qui a x pour base et y pour hauteur; nous aurons, en vertu d'un autre théorème de géométrie,

$$[2] \qquad xy = 1.$$

Enfin en désignant par m le minimum du périmètre du triangle demandé, nous aurons

$$[3] \qquad x + y + z = m.$$

De là on tire $\qquad z = m - (x+y),$

$$z^2 = m^2 - 2m(x+y) + x^2 + 2xy + y^2.$$

Si, dans cette égalité, on remplace z^2 par $x^2 + y^2$ et xy par 1, on aura, réductions faites,

$$m^2 - 2m(x+y) + 2 = 0.$$

D'où $\qquad [4] \qquad x+y = \dfrac{m^2+2}{2m}.$

Cette relation jointe à l'équation $xy = 1$; montre que x et y sont les deux racines de l'équation

$$t^2 - \frac{m^2+2}{2m} t + 1 = 0.$$

Par conséquent, en résolvant, on a

$$x = \frac{m^2+2 + \sqrt{m^4 - 12m^2 + 4}}{4m}, \qquad y = \frac{m^2+2 - \sqrt{m^4 - 12m^2 + 4}}{4m}.$$

Il s'agit maintenant de déterminer le minimum de m dans ces expressions.

D'après l'énoncé du problème, x et y doivent être réels. Il faut donc que la quantité sous le radical soit positive ou nulle.

Dans l'un ou l'autre cas les valeurs de x et y sont toutes deux positives.

Prenons donc, pour indéterminée auxiliaire, une quantité positive m', et posons

$$m^4 - 12m^2 + 4 = m'; \quad \text{d'où} \quad m^2 = 6 \pm \sqrt{32 + m'}.$$

Maintenant remarquons que les relations [3] et [4] donnent

$$z = m - \frac{m^2 + 2}{2m} = \frac{m^2 - 2}{2m}.$$

Or, z et m doivent être positifs; donc il faut qu'on ait $m^2 > 2$.

Mais l'expression $m^2 = 6 - \sqrt{32 + m'}$ donne pour m^2 une valeur plus petite que 2, quelque valeur positive qu'on donne à m'; par conséquent cette expression doit être rejetée ici, et il ne reste, pour déterminer m, que l'expression

$$m^2 = 6 + \sqrt{32 + m'}.$$

Ici on voit que le minimum de m correspond à $m' = 0$; ce qui donne

$$m^4 - 12m^2 + 4 = 0.$$

Par suite, on a
$$x = \frac{m^2 + 2}{4m}, \qquad y = \frac{m^2 + 2}{4m}.$$

Ainsi les côtés x et y qui comprennent l'angle droit du triangle demandé, sont égaux. Donc *le triangle rectangle de moindre périmètre est isoscèle.*

233. Problème XVII. *Partager le nombre* a *en 3 parties dont la somme des carrés soit un minimum.*

Soit x l'une des parties cherchées, la somme des deux autres sera $a - x$.

Soit y la différence entre les deux autres parties.

La plus grande de ces parties sera (n^0 38) . . . . $\dfrac{a - x + y}{2}$.

Et la plus petite partie sera . . . . $\dfrac{a - x - y}{2}$.

Alors en désignant par m le minimum de la somme des carrés de ces parties, on aura

$$x^2 + \left(\frac{a-x+y}{2}\right)^2 + \left(\frac{a-x-y}{2}\right)^2 = m.$$

Effectuant les calculs, on trouve, réductions faites

$$x^2 - \tfrac{2}{3}ax = \frac{2m-a^2-y^2}{3}.$$

D'où $\qquad\qquad x = \tfrac{1}{3}a \pm \tfrac{1}{3}\sqrt{6m-(2a^2+3y^2)}.$

Ici on voit que la plus petite valeur de m est celle qui donne $6m = 2a^2 + 3y^2$; par suite on a $x = \tfrac{1}{3}a$.

L'une des parties demandées étant $\tfrac{1}{3}a$, la somme des deux autres est $a - \tfrac{1}{3}a$ ou $\tfrac{2}{3}a$.

Maintenant dans l'égalité $6m = 2a^2 + 3y^2$, m sera d'autant plus petit que la quantité, y sera elle-même plus petite. Donc m sera le plus petit possible lorsque $y = 0$; ce qui montre que les deux dernières parties cherchées diffèrent de zéro, ou en d'autres termes, qu'elles sont égales.

Or leur somme est $\tfrac{2}{3}a$; donc chacune d'elles est $\tfrac{1}{3}a$.

Ainsi, *en partageant un nombre donné en 3 parties égales, la somme des carrés de ces parties est un minimum.*

234. Supposons maintenant le nombre a partagé en 4 parties. Désignons par x l'une d'elles par S^2 la somme des carrés des 3 autres.

La somme des carrés des 4 parties sera $x^2 + S^2$. Or quel que soit x, il est évidemment que plus S^2 est petit, plus aussi $x^2 + S^2$ sera petit.

Or S^2 est la somme des carrés des 3 parties du nombre $a - x$. Donc pour que S^2 soit un minimum, il faut que les 3 parties de $a - x$ soient égales entre elles; par conséquent chacune d'elles vaut $\frac{a-x}{3}$.

Par suite la somme des carrés des 4 parties du nombre a est

$$x^2 + 3\left(\frac{a-x}{3}\right)^2.$$

Il ne s'agit plus que de déterminer la valeur de x qui rend cette expression un minimum; à cet effet nous poserons

$$x^2 + 3\left(\frac{a-x}{3}\right)^2 = m; \qquad \text{d'où } x = \tfrac{1}{4}a \pm \tfrac{1}{4}\sqrt{3(4m-a^2)}.$$

Ici on voit que la plus petite valeur de m est celle qui donne $m = a^2$; par suite on a $x = \tfrac{1}{4}a$. Mais l'une des parties étant $\tfrac{1}{4}a$, les trois autres valent ensemble $\tfrac{3}{4}a$; et comme elles doivent être égales entre elles, chacune d'elles vaudra $\tfrac{1}{4}a$. Ainsi, *en partageant un nombre en 4 parties égales, la somme des carrés de ces parties est un minimum.*

235. REMARQUE. Par des raisonnements analogues aux précédents, on démontrerait que si le principe que nous venons de démontrer est vrai pour n parties, il sera vrai encore lorsqu'on prend une partie de plus. Or, il est vrai pour 2, 3, 4 parties; donc il sera vrai pour 5 parties, pour 6,... Donc il est général.

236. A l'aide de ce principe on démontre facilement le suivant.

Lorsqu'on partage un nombre donné en n *parties égales, la somme des produits de ces parties, multipliées deux à deux, est un maximum.*

En effet, soit $\qquad a = x + y + z +$ etc....

En élevant les deux membres au carré, on trouve

$$a^2 = x^2 + 2xy + y^2 + 2xz + 2yz + z^2 + \text{ etc.}...$$

D'où $\qquad \dfrac{a^2 - (x^2 + y^2 + z^2 + \cdots)}{2} = xy + xz + yz + \cdots.$

Comme a est une quantité constante, le 1er membre devient un maximum lorsque $x^2 + y^2 + z^2 + ...$ est un minimum; ce qui exige que $x, y, z....$ soient des quantités égales. Alors aussi le 2e membre devient un maximum. C. Q. F. D.

ÉNONCÉS DE PROBLÈMES A RÉSOUDRE.

Décomposer le produit 36 en deux facteurs dont la somme des carrés s[oit] un minimum. (R. Les facteurs devront être égaux entre eux, et par co[nséquent] séquent égaux chacun à 6.)

Décomposer 72 en deux carrés dont le produit des racines soit un ma[xi]mum. (R. Les deux carrés devront être égaux et parconséquent égaux ch[a]cun à 36.)

Partager 20 en deux parties telles que la somme des deux quotients qu'[on] obtient en divisant alternativement ces deux parties l'une par l'autre, s[oit] un minimum. (R. Les deux parties devront être égales entre elles, et le m[i]nimum demandé est 2.)

On veut creuser un bassin de forme rectangulaire, qui ait 1 mètre de pr[o]fondeur et 400 mètres cubes de capacité. Quelles devront être la longue[ur] et la largeur de ce bassin, pour que le mur qui en revêtira le contour coû[te] le moins possible? (R. La longueur et la largeur devront être égales et p[ar] conséquent égales chacune à 20 mètres. — La forme du bassin sera u[n] carré.)

Assigner parmi tous les rectangles de même contour celui dont la surfa[ce] est la plus grande. (R. Le carré.)

Assigner la valeur de x à laquelle correspond la plus petite valeur posi[ti]tive de chacune des expressions

$$\frac{x^2-2x+2}{2x-2} \qquad\qquad \frac{8-4x}{4x^2-8x+9}.$$

(Réponse. $x = 2$ réduit la première expression à 1.
$x = \frac{1}{2}$ réduit la seconde expression à 1.

Inscrire dans un triangle donné un rectangle dont la surface soit la plu[s] grande possible. (R. La hauteur du rectangle devra être égale à la moiti[é] de la hauteur du triangle.)

Assigner la valeur de x à laquelle correspond le maximum d[e] $\sqrt{x} + \sqrt{10-x}$. (R. $x = 5$.)

Assigner la valeur de x à laquelle correspond le minimum de $\dfrac{4}{x} + \dfrac{4}{2-x}$ (R. $x = 1$.)

Assigner la plus petite valeur positive de l'expression $\dfrac{7}{x} + \dfrac{1}{7-x}$ (R. $2 + \frac{4}{7}$.)

CHAPITRE IX.

COMBINAISONS ET PROGRESSIONS.

PERMUTATIONS. — ARRANGEMENTS. — COMBINAISONS.

237. PERMUTATIONS. Après avoir placé plusieurs lettres les unes à côté des autres, si on change de toutes les manières possibles l'ordre de ces lettres, on obtient ce qu'on appelle des *permutations*.

Deux lettres a et b donnent 2 permutations ab, ba.

On obtient les permutations de 3 lettres a, b, c, en écrivant alternativement, après chaque lettre, les permutations des deux autres, ce qui donne 2×3 ou 6 permutations :

$$abc, \qquad bac, \qquad cab,$$
$$acb, \qquad bca, \qquad cba.$$

En continuant ce raisonnement, on verrait que 4 lettres donnent $2 \times 3 \times 4$ permutations, et qu'en général, *le nombre des permutations de* n *lettres est égal au produit des* n *premiers nombres entiers.*

Ainsi dans le produit $3 \times 5 \times 7$, on peut intervertir l'ordre des facteurs de 6 manières :

$$3 \times 5 \times 7, \ 3 \times 7 \times 5; \ 5 \times 7 \times 3, \ 5 \times 3 \times 7; \ 7 \times 5 \times 3, \ 7 \times 3 \times 5.$$

Avec les trois lettres a, i, m, on peut former 6 mots : *ami, mai,* (français); *mia, ima* (italien); *aim* (anglais); *iam* (*jam,* latin).

De même avec les trois chiffres 0, 1, 2, on forme 6 nombres différents : 120, 102, 201, 210, 012, 021.

Les quatre lettres l, i, m, r donnent 1.2.3.4 ou 24 permutations parmi lesquelles on distingue 5 mots français : *rime, mire, émir, Remi* (saint) *Méri* (saint); un mot latin, *irem;* un mot italien, *ermi;* deux mots allemands *reim, riem.*

En permutant convenablement les lettres du mot *Voltaire*, on trouve cet anagramme : *o alte vir* (ô grand homme).

De même dans *Frère Jacques Clément* (l'assassin de Henri III), on trouve lettre pour lettre, en considérant le *j* comme un *i : c'est l'enfer qui m'a créé.*

238. ARRANGEMENTS. Supposons qu'on ait m lettres a, b c, d,... Si à la droite de chaque lettre, on écrit alternativement chacune des $m-1$ autres lettres, on aura $m \times (m-1)$ assemblages, qu'on nomme *arrangements 2 à 2* des lettres données.

Si à côté de chacun de ces arrangements, on écrit chacune des $m-2$ lettres restantes, on aura évidemment $m(m-1)(m-2)$ arrangements 3 à 3.

On conclut de là, par analogie, que *le nombre des arrangements de* m *lettres* n *à* n *est égal au produit de* n *nombres entiers consécutifs dont le plus grand est* m.

Le dernier facteur sera donc $m-(n-1)$ ou $m-n+1$.

239. COMBINAISONS. Parmi ces arrangements il y en a plusieurs qui se composent des mêmes lettres écrites seulement dans un ordre différent. Si on ne considère que ceux qui diffèrent entre eux par une ou plusieurs lettres, on a alors ce qu'on appelle des *combinaisons.*

240. Si l'on avait toutes les combinaisons n à n de m lettres, en formant les permutations de chaque combinaison, on obtiendrait évidemment tous les arrangements n à n de ces lettres.

D'où l'on voit que *le nombre des combinaisons est égal au nombre des arrangements divisé par le nombre des permutations.*

De sorte qu'en désignant par C_n le nombre des combinaisons de m lettres n à n, par A_n celui de leurs arrangements et par P_n celui des permutations de n lettres, on aura

$$[1] \qquad C_n = \frac{A_n}{P_n} = \frac{m(m-1)(m-2)\ldots(m-n+1)}{1 \times 2 \times 3 \ldots\ldots n}.$$

Telle est la formule qui détermine le nombre des combinaisons de m lettres prises n à n.

241. Si l'on change n en $m-n$, il vient

$$C_{m-n} = \frac{m(m-1)(m-2)\ldots\ldots(n+1)}{1 \times 2 \times 3 \ldots\ldots (m-n)}.$$

Lorsque $n > m-n$, il y aura plus de facteurs dans le développement de C_n que dans celui de C_{m-n}, et les $m-n$ premiers facteurs dans C_n seront évidemment tous ceux de C_{m-n}; donc on aura

$$C_n = \frac{m(m-1)\ldots\ldots(n+1)n\ldots\ldots\ldots(m-n+1)}{1 \times 2 \ldots\ldots (m-n)(m-n+1)\ldots\ldots n}$$

On remarque que le numérateur et le dénominateur ont des facteurs communs : $n \ldots (m-n+1)$. En supprimant ces facteurs, il vient

$$C_n = \frac{m(m-1)\ldots\ldots(n+1)}{1 \times 2 \ldots\ldots(m-n)} = C_{m-n}.$$

Ainsi, *le nombre des combinaisons* m—n *à* m—n *qu'on peut former avec* m *lettres est le même que celui des combinaisons* n *à* n.

Ainsi, les 7 chiffres 0, 1, 2, 3, 4, 5, 6 pris 5 à 5 ou bien 2 à 2 donnent le même nombre de combinaisons : ce nombre est $\frac{7 \times 6}{1 \times 2}$ ou 21, comme on le remarque dans le jeu de domino, lorsqu'on ne compte pas les doubles.

242. Théorème. *Un produit de* n *nombres entiers consécutifs est toujours divisible par le produit des* n *premiers nombres entiers.*

Ce principe se déduit de la formule [1], dans laquelle C_n représente un nombre essentiellement entier.

PROGRESSIONS ARITHMÉTIQUES OU PAR DIFFÉRENCE.

243. On appelle *progression arithmétique* une suite de termes qui vont en augmentant constamment d'une même quantité appelée *raison* de la progression. Telle est ÷ 3 . 7 . 11 . 15 ..

244. D'après cela, si on désigne la raison par r et le 1ᵉʳ terme par a, le 2ᵉ sera $a+r$, le 3ᵉ $a+2r$, et en général, le n^{me} terme l sera

$$[1] \qquad l=a+(n-1)r.$$

Ainsi, *un terme quelconque est égal au premier, plus autant de fois la raison qu'il y a de termes avant lui.*

245. Maintenant, désignons par S la somme des n termes d'une progression. Nous aurons

$$S=a+(a+r)+(a+2r)+ \ldots +\{a+(n-1)r\}$$

Mais on pourrait représenter le dernier terme par l, l'avant dernier par $l-r$, l'antépénultième par $l-2r$; et ainsi de suite jusqu'au 1ᵉʳ qui deviendrait alors $l-(n-1)r$.

Alors, en écrivant ces termes dans un ordre inverse, on aura

$$S=l+(l-r)+(l-2r)+ \ldots +\{l-(n-1)r\}$$

Or, si on ajoute cette égalité à la précédente, avec l'attention d'ajouter les seconds membres, terme à terme, r disparaîtra, et on obtiendra $a+l$ pour chaque somme partielle. De plus il y aura autant de ces sommes partielles que la progression contient de termes, c'est-à-dire n; donc on a $2S=n(a+l)$, d'où

$$[2] \qquad S = \frac{n(a+l)}{2}.$$

Ainsi, *la somme de tous les termes d'une progression arithmétique est égale à la demi-somme des termes extrêmes, multipliée par le nombre des termes.*

246. On reconnaît aisément que dans une progression arith-métique : 1° *un terme quelconque vaut la demi-somme des deux termes qui le comprennent ; 2° la somme de deux termes également éloignés des extrêmes vaut la somme de ces extrêmes*

En combinant ces deux principes, on arrive à celui-ci : *Dans une progression d'un nombre impair de termes ; le terme moyen est égal à la demi-somme des extrêmes.*

247. Théorème. *La somme des* n *premiers nombres impairs est égale au carré de* n.

En effet, la série 1, 3, 5... forme une progression arithmétique dont la raison est 2. Le n^{me} terme de cette série est donc

$$1 + (n-1)2 \quad \text{ou} \quad 2n-1;$$

et l'on a en vertu du n° 245,

$$1 + 3 + 5 + \ldots + (2n-)1 = \frac{n(1 + 2n - 1)}{2} = n^2.$$

248. Théorème *La somme de* n *nombres entiers consé-cutifs quelconques est divisible par* n *ou par* $\frac{1}{2}$n, *suivant que* n *est impair ou pair.*

C'est ce que montre l'égalité

$$a + (a+1) + (a+2) + \ldots + (a+n-1) = \frac{n(2a+n-1)}{2}.$$

249. Lorsqu'on connaît trois quelconques des quantités, a, l, r, n, S, les relations [1] et [2] serviront à déterminer les deux autres ; et il en résulte autant de problèmes distincts qu'il y a de manières de combiner 5 quantités 2 à 2. Le nombre de ces pro-blèmes est donc $\frac{5 \cdot 4}{2}$ ou 10.

Deux de ces problèmes conduisent à des équations du 2e de-gré ; ce sont ceux où l'on prend pour inconnues le nombre des termes et l'un des extrêmes.

250. PROBLÈME I. *Insérer 6 moyens arithmétiques entre deux nombres donnés 4 et 25.*

Il s'agit de trouver une progression arithmétique, composée de 8 termes dont le 1er terme soit 4 et le dernier 25.

Tout se réduit à trouver la raison de cette progression. Pour cela on fait usage de la relation $l=a+(n-1)r$, dans laquelle on remplace l par 25, a par 4 et n par 8 ; ce qui donne

$$25=4+7r; \quad \text{d'où} \quad r=3.$$

La raison étant 3, la progression demandée sera

$$\div 4 . 7 . 10 . 13 . 16 . 19 . 22 . 25.$$

REMARQUE. En résolvant ce problème d'une manière générale on verra que *pour trouver la raison d'une progression arithmétique dont on connaît les termes extrêmes et le nombre des termes, il suffit de diviser la différence entre les extrêmes par le nombre des termes diminué de 1.*

Effectivement la formule $l=a+(n-1)r$ donne

$$r=\frac{l-a}{n-1}.$$

251. PROBLÈME II. *Un jardinier doit planter une rangée de 150 arbres, à 4 mètres d'intervalle les uns des autres. Au pied de chaque arbre il doit mettre une brouettée de sable pris sur le prolongement de la ligne des arbres et à 20 mètres du premier. Combien fera-t-il de chemin pour cela ?*

La distance du monceau de sable au 1er arbre étant 20 m.,
sa distance au 2e arbre sera. . . . . 24 m.,
sa distance au 3e arbre sera. 28,
de sorte que les distances du monceau de sable à chacun de 150 arbres forment une progression arithmétique de 150 termes, dont le 1er est 20 et la raison 4.

Le dernier terme de cette progression sera par conséquent

[2] $\qquad\qquad 20+(150-1)4 \quad$ ou $\quad 616.$

La somme des termes de cette progression sera

[2] $$\frac{150(20+616)}{2}.$$

Puisque le jardinier, après avoir déposé sa brouettée de sable au pied d'un arbre, doit retourner au monceau, il parcourra chaque distance 2 fois. Il fera donc un chemin double du nombre des mètres exprimé par la form. [2]; c'est-à-dire qu'il fera en tout 150(20+616) ou 95400 mètres de chemin, depuis son départ du monceau de sable jusqu'à son retour au même point.

252. **Problème III.** *Trouver une progression arithmétique dont la somme des 3 premiers termes soit 60, celle des 3 derniers 96, et celle de tous les termes 182.*

Soient a et l les termes extrêmes, r la raison, on a d'après l'énoncé

$$a+(a+r)+(a+2r)=60; \quad \text{d'où} \quad a+r=20 \quad \ldots \quad [1]$$
$$l+(l-r)+(l-2r)=96; \quad \text{d'où} \quad l-r=32 \quad \ldots \quad [2]$$

Ajoutant ces égalités, on a $\qquad a+l=52 \quad \ldots \quad [3]$

Soit n le nombre de tous les termes, on aura

$$182=\frac{n(a+l)}{2}=\frac{n\times 52}{2}; \qquad \text{d'où} \quad n=7.$$

Par suite on a $l=a+(7-1)r$ ou $l=a+6r \quad \ldots \quad [4]$

Les équ. [4] et [2] donne $a+6r=32+r;$ d'où $a+5r=32.$

Cette dernière équation combinée avec l'équ. [1] donne

$$a=17, \qquad r=3.$$

Par suite la progression demandée est

$$17 \cdot 20 \cdot 23 \cdot 26 \cdot 29 \cdot 32 \cdot 35.$$

Un fantassin fait 10 lieues par jour; un cavalier part en même temps et ne fait que 3 lieues le premier jour; chaque jour suivant il fait 2 lieues de plus que le jour précédent. On demande en combien de jours le cavalier atteindra le fantassin. (R. 8).

Combien une horloge frappe-t-elle de coups à chaque tour de cadran? En supposant : 1° qu'elle ne sonne que les heures; 2° qu'elle sonne les heures et les demies. (R 1° 78, et 2° 90).

On a une pile de boulets composée de 18 rangées, dont chacune conti[e]nt 2 boulets de plus que celle qui la précède. On demande combien il y e[n] dans la pile, sachant que la rangée supérieure en contient 3. (R. 360).

Un maçon doit creuser un puits. Il reçoit 5 francs pour le 1er mètre d'o[u]vrage ; et comme la difficulté du travail augmente à mesure qu'il creuse pl[us] avant, il reçoit à chaque mètre qu'il fait une augmentation de 1 fra[nc] 25 centimes, de telle sorte que le dernier mètre lui est payé 100 franc[s]. Quelle est la profondeur du puits? (R. 77 mètres).

Un fermier a une métairie qui lui rapporte 100 francs la première ann[ée] et dont le rapport de chaque année augmente de 10 francs l'année suivan[te]. Quelle somme le fermier aura-t-il retirée au bout de 30 ans? (R. 7350 fr[.]

Un propriétaire voulant établir un puits, convient avec un ouvrier de payer 100 francs pour creuser un certain espace jusqu'à la profondeur 10 mètres. Après avoir terminé le 5e mètre, l'ouvrier se plaint d'être m[a]lade et ne peut plus continuer l'ouvrage. On demande combien il lui [est] dû pour cette première moitié de la profondeur, sachant que le prix [du] 1er mètre est estimé 3 francs, et que, en raison de la difficulté du trava[il] les prix des autres mètres croissent en progression arithmétique. (R. 30[fr.] 56 centimes).

Pour arriver à la porte d'une tour, on doit poser un escalier de 8 march[es]. Le bord de la première marche du haut aura 3 décimètres en avant de [la] tour. De combien chacune des autres marches devra-t-elle avancer po[ur] que la dernière ait 31 décimètres en avant du bâtiment? (R. De 4 dé[ci]mètres.)

Trouver une progression arithmétique composée de 7 termes, dont [la] somme des 4 premiers soit 86, et celle de tous les termes 182.

(R. ÷ 17 . 20 . 23 . 26 . 29 . 32 . 35.)

Trouver une progression arithmétique composée de 8 termes, dont [la] somme des 5 premiers soit 30, et celle des 3 derniers 42.

(R. ÷ 2 . 4 . 6 . 8 . 10 . 12 . 14 . 16.)

Trouver une progression arithmétique de 7 termes, dont le terme moye[n], c'est-à-dire le 4e, soit 12, et la somme de tous les termes soit 84.

(R. ÷ . 3 . 6 . 9 . 12 . 15 . 18 21.)

Trouver une progression arithmétique, dont 9, 141 et 900 soient l[es] sommes respectives des deux premiers termes, des deux derniers et de to[us] les termes (R. ÷ 3 . 6 . 9.... 69 . 72. Le nombre des termes est 2[4].

253. Problème IV. *Deux courriers partent en même temps du même endroit et vont dans le même sens. Le 1ᵉʳ fait 10 lieues le premier jour et chaque jour suivant il fait 1 lieue de moins que la veille. Le second fait 8 lieues tous les jours. On demande dans combien de temps les courriers seront ensemble?*

Supposons que la rencontre se fasse après x journées de marche,

Le chemin parcouru par le 1ᵉʳ sera $10+9+\ldots+(10-x+1)$ lieues; ce qui donne

$$\frac{x[10+(10-x+1)]}{2} \quad \text{ou} \quad \frac{x(21-x)}{2}.$$

Le 2ᵉ courrier aura fait en tout $8x$ lieues. Et comme il est parti en même temps que le 1ᵉʳ, il faut qu'on ait

$$8x = \frac{x(21-x)}{2}.$$

De là on tire $x^2-5x=0$ $(x-5)x=0$; donc $x=0$ et $x=5$. Ces deux valeurs répondent à la question proposée. La valeur $x=0$ montre que les courriers sont ensemble au point du départ. En suite ils se séparent et ne se réjoignent qu'au bout de 5 jours.

Effectivement, le 1ᵉʳ jour l'un fait 8 lieues et l'autre 10. Celui-ci aura alors sur le 1ᵉʳ une avance de 2 lieues.

Le 2ᵉ jour, l'un fait toujours 8 lieues et l'autre 9. Celui-ci aura donc fait 1 lieue de plus que l'autre; et comme il avait déjà une avance de 2 lieues, il a maintenant un avance de 3 lieues.

Le 3ᵉ jour, ils font chacun 8 lieues. Donc l'avance reste la même.

Le 4ᵉ jour, le courrier qui a 3 lieues d'avance ne fait que 7 lieues, tandis que l'autre en fait 8. Donc l'avance se réduit à 2 lieues.

Enfin, le 5ᵉ jour le 1ᵉʳ courrier fait 6 lieues; il aurait donc une avance de $6+2$ ou de 8 lieues sur le 2ᵉ, si celui-ci n'eût point marché ce jour-là. Mais ce dernier a fait précisément 8 lieues; donc à la fin de la 5ᵉ journée les courriers sont ensemble.

254. Problème V. *Deux voyageurs partent du même endroit, le premier 5 jours avant l'autre, et vont dans le même sens. Le 1ᵉʳ fait 1 lieue le premier jour, et chaque jour suivant il fait 1 lieue de plus que la veille. Combien le 2ᵉ voyageur qui fait 12 lieues tous les jours, mettra-t-il de temps pour atteindre le 1ᵉʳ ?*

Supposons que le 2ᵉ voyageur atteigne le 1ᵉʳ après x jours de marche. Il aura fait en tout $12x$ lieues.

Le 1ᵉʳ voyageur qui aura marché pendant $x+5$ jours, aura fait un nombre de lieues exprimé par

$$\frac{(x+5)(1+x+5)}{2} \qquad \text{ou} \qquad \frac{(x+5)(x+6)}{2}.$$

Mais au moment de la rencontre les chemins parcourus par les deux voyageurs doivent être égaux. Donc on a

$$12x = \frac{(x+5)(x+6)}{2}.$$

De là on tire $\qquad x^2 - 13x = -30$;

d'où $\qquad x = 3$ et $x = 10$.

Ainsi, il y aura 2 rencontres ; la 1ʳᵉ aura lieu après 3 journées de marche du 2ᵐᵉ voyageur. Ensuite celui-ci dépassera le 1ᵉʳ, mais il sera rejoint par ce premier le 10ᵐᵉ jour, c'est-à-dire 7 jours après la 1ʳᵉ rencontre.

Vérification. Quand le 2ᵉ voyageur se met en route, le 1ᵉʳ a sur lui une avance de 5 journées de marche ; ce qui fait $1+2+3+4+5$ ou 15 lieues.

Le lendemain le 1ᵉʳ voyageur fait 6 lieues. Par conséquent si le 2ᵉ n'eût pas marché, le 1ᵉʳ aurait sur lui une avance de $15+6$ ou de 21 lieues. Mais le 2ᵉ voyageur a fait 12 lieues ; donc l'avance du 1ᵉʳ se réduit à $21-12$ ou à 9 lieues.

Le jour d'après le 1ᵉʳ fait 7 lieues ; par conséquent il aura une avance de $9+7$ ou de 16 lieues sur le 2ᵉ, si celui-ci n'et pas marché ce jour-là. Mais ce dernier a fait 12 lieues ; donc l'avance du 1ᵉʳ se réduit à $16-12$ ou à 4 lieues.

Le jour suivant, c'est-à-dire le 3me jour à dater du départ du 2e voyageur, le 1er fait 8 lieues; il aurait donc une avance de 8+4 ou de 12 lieues sur le 2e, si celui-ci n'eût point marché ce jour-là. Mais précisément la 2e a fait 12 lieues. Donc à la fin de cette journée, les deux voyageurs sont ensemble.

Le lendemain le 1er voyageur fait 9 lieues, et sera par conséquent dépassé de 3 lieues par le 2e qui fait 12 lieues.

Le jour suivant l'avance du 2e voyageur sur le premier sera de 3+2 ou de 5 lieues. Le jour d'après cette avance sera de 5+1 ou de 6.

Le 7e jour, les deux voyageurs font 12 lieues chacun. Donc l'avance est encore de 6 lieues.

Le 8e jour l'avance se réduit à 5. Le 9e jour elle se réduit à 3, et le 10e jour elle devient zéro.

255. **Problème VI.** *Un commis est au service d'un marchand depuis un certain temps. Ses appointements ont augmenté de 10 francs chaque mois; de sorte que dans le mois actuel ils montent à 165 fr. On demande combien le commis a servi de mois, et ce qu'il a reçu le premier mois, sachant que le total des appointements du temps de service est de 1200 francs ?*

Désignons par a les appointements du 1er mois et par n le nombre des mois de service. Alors nous aurons, d'après l'énoncé,

$$\frac{n(a+165)}{2} = 1200, \qquad a+(n-1)10 = 165.$$

De la seconde de ces équations on tire. . . . $a = 175 - 10n$.
Cette valeur substituée dans la 1re équation donne

$$n(170 - 5n) = 1200.$$

De là on tire $\qquad n^2 - 34n = -240.$
$$n = 17 \pm 7.$$

Ainsi on a d'abord $\quad n = 10;\quad$ par suite $\quad a = 75.$
En second lieu $\quad n = 24;\quad$ et par suite $\quad a = -65.$

Cette dernière solution montre que si le commis est au service depuis 24 mois, il n'a pas reçu d'appointements le 1er mois; mais qu'il a donné au contraire 65 fr. pour prix d'apprentissage; que ce prix a diminué de 10 fr. tous les mois, et qu'ensuite ses appointements sont allés en augmentant de la même somme.

256. En général, *lorsque dans une progression arith-métique, on prend pour inconnues le nombre* n *des ter-mes et le plus petit* a *des extrêmes, on obtient pour* n *deux valeurs positives, et pour* a *une valeur positive et une négative.* En effet, on a

$$l = a + (n-1)r; \quad \text{d'où} \quad a = l - nr + r.$$

Cette valeur de a substituée dans la formule $S = \frac{n}{2}(a+l)$ donne, toutes réductions faites,

$$n^2 - \left(\frac{2l}{r} + 1\right)n = -\frac{2S}{r}.$$

Cette équation est de la forme $x^2 - px = -q$, et donne par conséquent deux valeurs positives pour l'inconnue (n° 194.)

On a donc deux progressions d'un nombre inégal de termes, et dans lesquelles le plus grand l des extrêmes, la raison r et la somme S des termes sont respectivement les mêmes.

Soit q le nombre des termes de la progression qui en a le moins, et $p + q$ le nombre des termes de l'autre progression.

Puisque le dernier terme l et la raison r sont les mêmes dans les deux progressions, il est clair que la somme Q des q termes de la 1re est égale à la somme des q derniers termes de la seconde : de sorte que cette dernière somme est aussi Q.

Maintenant, soit P la somme des p premiers termes de la 2e progression. La somme de tous les termes de cette progression sera donc $P + Q$. Et comme cette somme doit être égale à la somme Q des termes de la 1re progression, on a

$$P + Q = Q.$$

Or, pour que cette égalité existe, il faut que $P = 0$. Ce qui montre que les p premiers termes de la 2e progression se détruisent mutuellement, donc ils doivent être en partie positifs et en partie négatifs.

Par conséquent le plus petit de ces termes est négatif. C.Q.F.D.

257. On démontrerait de même que *si dans une progression arithmétique on prend pour inconnues le nombre* n *des termes et le plus grand des extrêmes, on obtient pour* n *deux valeurs de signes contraires.*

La valeur négative de n ne peut recevoir aucune interprétation.

Un courrier fait 15 lieues le 1er jour, et chaque jour suivant il fait 1 lieue de moins que la veille. S'il avait pu faire 15 lieues tous les jours, il serait arrivé 3 jours plus tôt au lieu de sa destination. Combien de jours a-t-il été en route ? (R. 10 jours ou — 9. La valeur négative ne peut recevoir aucune interprétation.)

Deux courriers partent en même temps du même endroit et vont dans le même sens. Le 1er fait 10 lieues par jour. Le 2e fait 5 lieues le premier jour, et chaque jour suivant il fait 5 lieues de plus que le jour précédent. On demande combien ce dernier mettra de jours avant d'atteindre le premier. (R. 11 et 0.)

Deux courriers éloignés l'un de l'autre de 205 lieues partent en même temps et vont à la rencontre l'un de l'autre. Le premier fait 6 lieues le premier jour, et chaque jour suivant il fait une lieue de plus que la veille. Le second fait tous les jours 10 lieues. Combien mettront-ils de jours avant de se rencontrer, et combien auront-ils fait de lieues chacun ? (R. 10 jours. Le 1er a fait 105 lieues et l'autre 100 — On trouve aussi une valeur négative — 41 lieues, qui ne peut recevoir aucune interprétation.)

Combien un capitaliste doit-il être d'années pour qu'il ait retiré 7350 fr. d'un capital qui rapporte 100 fr. la 1re année, et dont le rapport de chaque année suivante augmente de 10 fr ? (R. 30 et — 49 ans.)

L'entretien d'un parc coûte 8 louis la 1re année, et chaque année suivante les frais d'entretien diminuent de 1 louis. Après quel nombre d'années l'entretien de ce parc aura-t-il coûté 30 louis ? (R. 5 ou 12 ans.)

Combien faut-il prendre de termes dans la suite naturelle des nombres pour que la somme de ces termes soit 55 ? (R. 10 ou — 11.)

PROGRESSIONS GÉOMÉTRIQUES OU PAR QUOTIENT.

258. On appelle *progression géométrique* une suite de termes dont chacun est égal au précédent multiplié par une quantité constante, appelée *raison* de la progression.

259. Si on désigne la raison par q et le 1er terme par a, le 2e terme sera aq, le 3e aq^2, et, en général, en représentant par l le $n^{\text{ième}}$ terme, on aura

$$[1] \qquad l = aq^{n-1}.$$

Ainsi, *un terme quelconque est égal au premier multiplié par la raison élevée à la puissance marquée par le nombre des termes qui précèdent.*

260. En désignant par S la somme de tous les termes, on aura

$$S = a + aq + aq^2 + \ldots\ldots + aq^{n-2} + l.$$

Si on multiplie chaque membre par q, il vient

$$qS = aq + aq^2 + aq^3 + \ldots\ldots + aq^{n-1} + ql.$$

De cette égalité retranchons la précédente, et nous aurons $qS - S = ql - a$; d'où l'on tire

$$[2] \qquad S = \frac{ql - a}{q - 1}.$$

Ainsi, *la somme des termes d'une progression géométrique s'obtient en multipliant le dernier terme par la raison, en retranchant du produit le premier terme, et en divisant le reste par la raison moins un.*

261. En remplaçant l par aq^{n-1}, la form. [2] devient

$$[3] \qquad S = \frac{a(q^n - 1)}{q - 1}.$$

1^0 Lorsqu'on suppose $q = 1$, cette formule devient $S = \frac{0}{0}$, et cependant la valeur de S n'est pas indéterminée; car supposer la raison égale à l'unité, c'est supposer tous les termes de la progression égaux entre eux, et dans ce cas la somme des termes est égale à n fois le premier a. Par conséquent les deux termes de la fraction doivent contenir un facteur commun qui devient nul lorsque $q=1$: ce facteur est $q-1$; pour le supprimer on divise q^n-1 par $q-1$, et alors on obtient

$$S = a\left(q^{n-1} + q^{n-2} + \cdots + q + 1\right)$$

Si maintenant on fait $q=1$, il vient $S=a(1+1\ldots)=an$.

2^0 Soit $q<1$; les termes a, aq, $aq^2\ldots$, iront en diminuant et la progression est dite *décroissante*.

Changeons les signes du numérateur et du dénominateur, et il vient

$$S = \frac{a(1-q^n)}{1-q}.$$

Or, puisque $q<1$, q^n sera d'autant plus petit que n sera plus grand ; lors donc que n est infiniment grand, q^n sera infiniment petit ou zéro ; en sorte qu'en faisant $n=\infty$, on aura rigoureusement

$$S = \frac{a}{1-q}.$$

D'où l'on voit que *si l'on prolonge à l'infini une progression géométrique décroissante, la somme des termes est égale au quotient du premier divisé par l'unité diminuée de la raison.*

D'après cela on aura

$$1 + \frac{1}{3} + \frac{1}{9} + \frac{1}{27} + \text{etc.} = \frac{1}{1-\frac{1}{3}} = \frac{3}{2}.$$

$$1 + \frac{1}{2} + \frac{1}{4} + \frac{1}{8} + \cdots = \frac{1}{1-\frac{1}{2}} = 2.$$

262. On démontre facilement que *dans toute progression géométrique : 1^0 le carré d'un terme quelconque est égal au produit des deux termes qui le comprennent ; 2^0 le produit de deux termes également éloignés des extrêmes est égal au produit de ces extrêmes ; 3^0 le carré du produit de tous les termes est égal au produit des extrêmes élevé à la puissance marquée par le nombre des termes.*

263. Les problèmes relatifs aux progressions géométriques se réduisent à dix, et se résolvent à l'aide des relations

$$[1] \qquad l = aq^{n-1}, \qquad [2] \qquad S = \frac{ql-a}{q-1} = \frac{a(q^n-1)}{q-1}.$$

Lorsqu'on prend pour inconnues la raison q et l'un des extrêmes a ou l, on est conduit à une équation de degré $n-1$; et à moins qu'on n'ait $n=3$, l'équation est d'un degré supérieur au second, et ne peut être résolue par les méthodes exposées dans cet ouvrage.

Par exemple, en faisant $n=4$, on trouve

$$q^3 + q^2 + q = \frac{S}{a} - 1 \qquad\qquad l = aq^3.$$

264. Problème I. *On raconte une anecdote assez curieuse d'un mathématicien de l'Inde, nommé Sessa, à qui on doit l'invention du jeu des échecs. Son roi lui ayant demandé un jour quelle récompense il voulait d'une invention si ingénieuse, celui-ci se borna à demander 1 grain de blé pour la première case de l'échiquier, 2 grains pour la deuxième case, 4 pour la troisième; et ainsi de suite, en doublant toujours jusqu'à la soixante-quatrième et dernière case. Le prince se mit à rire de la modestie du mathématicien. Mais quel fut son étonnement, lorsqu'après avoir fait calculer la quantité de blé que demandait Sessa, il vit que la terre toute entière pourrait à peine, en plusieurs années, produire cette quantité de blé.*

Les nombres de grains que donnent les 64 cases de l'échiquier, forment une progression géométrique dont le premier terme est 1 et la raison 2.

Le 64me terme sera donc, en vertu du n° 259. . . . . 2^63.

En désignant par S la somme de tous les termes, on a, en vertu du n° 260,

$$S = \frac{2 \times 2^{63} - 1}{2 - 1} = 2^{64} - 1.$$

Pour calculer 2^{64}, on peut opérer comme il suit :

$$2^{64}=(2^2)^{32} = 4^{32}$$
$$4^{32}=(4^2)^{16} = 16^{16}$$
$$16^{16}=(16^2)^8 = 256^8$$
$$256^8=(256^2)^4=64736^4$$
$$64736^4=(64736^2)^2=4190749696^2$$
$$4190749696^2=18\ 446\ 744\ 073\ 709\ 551\ 616.$$

En diminuant de 1 ce résultat, on a la quantité de grains que demandait Sessa.

265. PROBLÈME II. *Insérer sept moyens géométriques entre 5 et 1953125.*

Il s'agit de trouver une progression géométrique de neuf termes dont les extrêmes soient 5 et 1953125.

Tout se réduit à trouver la raison de cette progression.

Pour cela on a recours à la formule $l=aq^{n-1}$, qui devient ici

$$1953125=5 \times q^{9-1}; \quad \text{d'où} \quad q=\sqrt[8]{\frac{1953125}{5}}=\sqrt[n]{390625}.$$

L'arithmétique apprend que la racine huitième d'un nombre s'obtient par trois extractions successives de racines carrées. On aura donc

$$\sqrt{390625}=625; \quad \sqrt{625}=25; \quad \sqrt{25}=5.$$

Ainsi $q=5$; la progression demandée est :

$$\div 5:25:125:625:3125:15625:78125:390625:1953125.$$

266. PROBLÈME III. *Combien faut-il prendre de termes dans la progression $\div 1:3:9 \ldots$, pour que la somme soit égale à 1093.*

En désignant par n le nombre des termes, on a

$$1093=\frac{3^n-1}{3-1}; \quad \text{d'où} \quad 3^n=2187.$$

Pour trouver n, on n'a qu'à former les puissances successives de 3, jusqu'à ce qu'on arrive à un résultat égal à 2187. Mais il sera plus simple de diviser par 3 le nombre 2187, puis les quotients successifs.

Voici la disposition des calculs :

$$
\begin{array}{r|l}
2187 & 3 \\
\hline
729 & 3 \\
\hline
243 & 3 \\
\hline
81 & 3 \\
\hline
27 & 3 \\
\hline
9 & 3 \\
\hline
3 & 3 \\
\hline
1. &
\end{array}
$$

On voit que 3 est 7 fois facteur dans 2187. Donc $3^7 = 2187$. Par suite $n = 7$. Ainsi *il faut prendre 7 termes dans la progression proposée.*

Trouver trois termes en progression géométrique, dont la somme soit 35 et l'un des extrêmes 5. (R. ÷ 5 : 10 : 20 ou bien ÷ + 5 : — 15 : + 45.)

Trouver une progression géométrique dont 2049 soit la somme des extrêmes, 2048 leur produit, et 4095 la somme de tous les termes. (R. ÷ 1 : 2 : 4 . . . . 1024 : 2048.)

Combien faut-il insérer de moyens géométriques entre 4 et 128 pour que la somme de tous les termes soit 252? (R. La raison de la progression est 2, et les moyens à insérer sont au nombre de 4.)

Combien faut-il prendre de termes de la progression ÷ 1 : 3 : 9 . . . . pour que la somme soit 3280. (R. 9.)

Trouver une progression géométrique de 8 termes telle que la somme des termes de rang impair soit 170, et telle encore que la somme des termes de rang pair soit 340 (R. ÷ 2 : 4 : 8 : 16 : 32 : 64 : 128 : 256.)

Trouver 6 termes en progression géométrique tels que la somme des extrêmes soit 976, et tels encore que la somme des moyens soit 144. (R. ÷ 4 : 12 : 36 : 108 : 324 : 972.)

Déterminer le 10ᵉ terme de la progression $\div$ 2 : 6 : 18 . . . . . .
(R. 39366.)

En insérant *cinq* moyens géométriques entre 9 et 6561, quel sera le terme moyen ? (R. 243.)

Une progression géométrique est composée d'un nombre impair de termes : les extrêmes réunis donnent 1460 ; le terme moyen réuni à l'un des extrêmes donne 1404, et la somme de tous les termes est 1094. Quelle est cette progression ? (R. $\div$ 2 : — 6 : 18 : — 54 : 162 : — 486 : 1458.)

On partage une certaine somme entre 5 pauvres ; chaque pauvre reçoit 10 fr., plus la moitié de ce qu'a laissé le précédent, et quand le dernier a reçu sa part, il reste 4 fr. Quelle somme a-t-on partagée ? (R. 748 fr.)

Pierre donne la moitié de ses pommes à Charles, puis Charles donne la moitié de ses pommes à Pierre ; ils répètent cette opération trois autres fois, et alors Pierre possède 15 pommes et Charles 7. Combien en avaient-ils d'abord ? (R. Pierre 20, et Charles 2.)

CHAPITRE X.

DES PUISSANCES ET DES RACINES.

267. La puissance n^{me} d'un nombre est le produit de n facteurs égaux à ce nombre. Le nombre n s'appelle le *degré* de la puissance.

Il résulte de là : 1° que *les puissances paires des quantités négatives, sont toujours positives;* 2° que *les puissances impaires des quantités négatives sont négatives.*

268. La quantité qui, étant élevée à la puissance n^{me}, reproduit une quantité donnée a, est la racine n^{me} de cette dernière, et s'indique $\sqrt[n]{a}$. Le nombre n est appelé *indice*.

Il résulte de là : 1° que *toute racine paire d'une quantité positive a le double signe* $\pm$; 2° que *les racines impaires des quantités n'ont que le signe de ces quantités,* et 3° que *les racines paires des quantités négatives sont imaginaires.* Ainsi

$$\sqrt[3]{8a^3}=2a, \qquad \sqrt[3]{-8a^3}=-2a, \qquad \sqrt[4]{16a^4}=\pm 2a.$$

269. Les règles du calcul algébrique donnent

1° $\quad (abc)^n = abc \times abc \times abc \times \ldots = aaa.. \times bbb \ldots \times ccc \ldots = a^n b^n c^n$

2° $\quad (a^m)^n = a^m \times a^m \times a^m \times \ldots = a^{m+m+m+} \ldots \ldots \ldots = a^{mn}$

3° $\quad (2a^3 b^2 c)^4 = 2^4 (a^3)^4 \times (b^2)^4 \times c^4 = 2^4 \times a^{12} \times b^8 \times c^4 = 16 a^{12} b^8 c^4.$

4° $\qquad \left(\dfrac{a}{c}\right)^n = \dfrac{a}{c} \times \dfrac{a}{c} \times \dfrac{a}{c} \times \ldots = \dfrac{aaa \ldots}{ccc \ldots} = \dfrac{a^n}{c^n}$

D'où l'on voit : 1^0 qu'*on élève un produit à une puissance en élevant chaque facteur à cette puissance;* 2^0 qu'on *élève à une puissance une quantité qui a déjà un exposant, en multipliant cet exposant par le degré de la puissance;* 3^0 qu'on *élève un monome quelconque à une puissance, en élevant son coefficient à cette puissance et en multipliant tous les exposants par le degré de cette puissance;* 4^0 qu'on *élève une fraction à une puissance en élevant à cette puissance les deux termes de la fraction.*

270. Les réciproques de ces principes sont :

1^0 *On extrait la racine d'un produit en extrayant la racine de chaque facteur;*

2^0 *On extrait la racine d'une quantité qui a un exposant en divisant cet exposant par l'indice de la racine;*

3^0 *On extrait la racine d'un monome quelconque en extrayant celle du coefficient, et en divisant les exposants de chaque lettre par l'indice de la racine;*

4^0 *On extrait la racine d'une fraction en extrayant celle de chaque terme.*

D'après cela, on doit avoir les égalités

$$\sqrt[3]{-27 \times 64} = \sqrt[3]{-27} \times \sqrt[3]{64} = -3 \times 4. \qquad \sqrt[4]{8a^4b^{12}} = \pm 2ab^3.$$

DU CALCUL DES RADICAUX.

271. Lorsque la racine d'un monome ne peut s'obtenir exactement, on l'indique à l'aide du signe $\sqrt{\ }$, et on donne à l'expression résultante le nom de *radical.*

Par *radicaux semblables* on entend ceux qui ont à la fois le même indice et la même quantité sous le signe radical. Tels sont

$$\sqrt[3]{ab^2}, \qquad 4\sqrt[3]{ab^2}, \qquad 2a\sqrt[3]{ab^2}.$$

Les facteurs extérieurs se nomment *coefficients.*

272. Soit
$$x = \sqrt[r]{a^n}.$$

On en tire $x^r = a^n$. En élevant chaque membre à la puissance vme, il vient $x^{rv} = a^{nv}$. En extrayant la racine $rv^{\text{ième}}$ de part et d'autre, on a

$$x = \sqrt[rv]{a^{nv}}.$$

Cette égalité comparée à la proposée montre que *la valeur numérique d'un radical ne change pas, lorsqu'on multiplie ou qu'on divise par un même nombre l'indice du radical et l'exposant de la quantité qui lui est soumise.*

Ce principe donne le moyen de ramener plusieurs radicaux à avoir le même indice.

273. L'addition et la soustraction des radicaux dissemblables ne peuvent que s'indiquer ; mais quand les radicaux sont semblables, on fait la réduction de leurs coefficients.

274. *Pour faire la multiplication ou la division de deux radicaux, on les ramène d'abord à avoir le même indice, puis on fait le produit ou le quotient des quantités placées sous le signe radical, on recouvre le résultat du radical commun, et devant on écrit le produit ou le quotient des coefficients.* On a ainsi

$$2\sqrt[3]{a^2 b} \times 5\sqrt[4]{ab^3} = 2\sqrt[12]{a^8 b^4} \times 5\sqrt[12]{a^3 b^9} = 10\sqrt[12]{a^{11} b^{13}} = 10 b\sqrt[12]{a^{11} b}$$

$$\frac{6\sqrt[8]{a^3 b^2}}{3\sqrt[7]{a^4 b^3}} = \frac{6\sqrt[35]{a^{21} b^{14}}}{3\sqrt[35]{a^{20} b^{15}}} = \frac{6}{3}\sqrt[35]{\frac{a^{21} b^{14}}{a^{20} b^{15}}} = 2\sqrt[35]{\frac{a}{b}}.$$

275. La règle de la multiplication donne

$$1^\circ \quad (\sqrt[r]{a})^n = \sqrt[r]{a} \times \sqrt[r]{a} \times \sqrt[r]{a} \times \ldots = \sqrt[r]{a \times a \times a \times} \ldots = \sqrt[r]{a^n}$$

$$2^\circ \quad (\sqrt[rn]{a})^n = \sqrt[rn]{a^n} = \sqrt[r]{a}.$$

Ainsi, *on élève un radical à une puissance : 1° en élevant à cette puissance la quantité placée sous le radical ; ou bien 2° en divisant, quand cela est possible, l'indice du radical par le degré de la puissance.*

276. Considérons maintenant l'égalité

$$x = \sqrt[r]{\sqrt[n]{a}}.$$

On en tire $x^r = \sqrt[n]{a}$; puis $x^{rn} = a$; et de là

$$x = \sqrt[rn]{a}.$$

Cette égalité comparée à la 1re montre qu'*on extrait une racine d'un radical en multipliant l'indice du radical par l'indice de la racine à extraire.*

DES EXPOSANTS FRACTIONNAIRES.

277. Le principe 2e du n° 270 donne

$$\sqrt[r]{a^m} = a^{\frac{m}{r}}.$$

Lorsque m n'est pas exactement divisible par r, le second membre de cette égalité est une quantité affectée d'un exposant fractionnaire. Or, comme l'énoncé : *a une demi fois facteur* signifie plutôt $\frac{1}{2} a$ que $a\,\frac{1}{2}$, on voit que l'idée propre aux exposants ne saurait convenir aux exposants fractionnaires. Par conséquent une quantité affectée d'un exposant fractionnaire ne nous offre aucun sens.

Mais comme $a^{\frac{m}{r}}$ exprime la racine $r^{ième}$ de a^m, lorsque m est un multiple de r; nous pouvons lui faire désigner la même chose dans le cas où r ne diviserait pas m, attendu que les quantités à exposants fractionnaires n'ont pu provenir que de ce qu'on a voulu extraire une racine d'une quantité dont l'exposant n'était point divisible par l'indice de la racine. De cette manière on pourra remplacer un radical par un exposant fractionnaire, ce qui est très commode pour les calculs.

« L'analogie qui règne entre les exposants fractionnaires et ceux qui sont entiers, dit M. Lacroix, rend les règles qu'il faut suivre dans le calcul de ceux-ci applicables à celui des autres, tandis qu'il faut des règles particulières pour le calcul des radicaux, parce que le signe $\sqrt{}$ qui les exprime n'a aucune liaison avec l'opération qui les engendre. »

278. Les règles de la multiplication et de l'élévation aux puissances donnent

$$a^r \times a^{\frac{m}{n}} = a^r \sqrt[n]{a^m} = \sqrt[n]{a^m \times a^{rn}} = \sqrt[n]{a^{m+rn}} = a^{\frac{m}{n}+r}$$

$$a^{\frac{m}{r}} \times a^{\frac{n}{v}} = \sqrt[r]{a^m}\,\sqrt[v]{a^n} = \sqrt[rv]{a^{mv} \times a^{nr}} = \sqrt[rv]{a^{mv+nr}} = a^{\frac{m}{r}+\frac{n}{v}}$$

$$\left(a^{\frac{m}{n}}\right)^r = \left(\sqrt[n]{a^m}\right)^r = \sqrt[n]{a^{mr}} = a^{\frac{mr}{n}}$$

$$\left(a^{\frac{m}{n}}\right)^{\frac{r}{v}} = \sqrt[v]{\left(a^{\frac{m}{n}}\right)^r} = \sqrt[v]{a^{\frac{mr}{n}}} = a^{\frac{mr}{nv}}.$$

Ces résultats montrent que le calcul des exposants fractionnaires est exactement le même que celui des exposants entiers.

BINOME DE NEWTON, DANS LE CAS DE L'EXPOSANT ENTIER POSITIF.

279. Formons les produits successifs de 2, 3… binomes du 1er degré en x, et nous aurons

$$(x+a)(x+b) = x^2 + \begin{array}{|c} a \\ b \end{array} x + ab$$

$$(x+a)(x+b)(x+c) = x^3 + \begin{array}{|c} a \\ b \\ c \end{array} x^2 + \begin{array}{|c} ab \\ ac \\ bc \end{array} x + abc$$

$$(x+a)(x+b)(x+c)(x+d) = x^4 + \begin{array}{|c} a \\ b \\ c \\ d \end{array} x^3 + \begin{array}{|c} ab \\ ac \\ ad \\ bc \\ bd \\ cd \end{array} x^2 + \begin{array}{|c} abc \\ abd \\ acd \\ bcd \end{array} x + abcd$$

En considérant comme un seul terme tous ceux qui renferment la même puissance de x, on remarquera : 1° que l'exposant de x va en diminuant progressivement d'une unité depuis le 1er terme, où cet exposant est égal au nombre des facteurs binomes, jusqu'au dernier où l'exposant est zéro;

2^0 Le coefficient du 1er terme est l'unité; celui du second terme est égal à la somme des seconds termes des binomes; celui du 3e terme est égal à la somme des produits qu'on obtient en combinant ces seconds termes 2 à 2; le coefficient du 4e terme s'obtient en combinant ces seconds termes 3 à 3; et ainsi de suite jusqu'au dernier terme qui est égal au produit de tous les seconds termes des binomes.

Ces lois qui sont vérifiées pour un produit de 2, 3 et 4 binomes, seront encore vraies si l'on prend un facteur binome de plus. En effet représentons le produit des quatre binomes par

$$x^4 + Ax^3 + Bx^2 + Cx + D.$$

Multiplions ce produit par un nouveau binome $x+e$, et nous aurons

$$x^5 + A\begin{vmatrix}x^4 + B\\+e\end{vmatrix}\begin{vmatrix}x^3 + C\\+eA\end{vmatrix}\begin{vmatrix}x^2 + D\\+eB\end{vmatrix}x + eD.$$

La loi des exposants n'a point changé. Celle des coefficients se soutient également : le 1er terme a l'unité pour coefficient.

Dans le 2e terme, A est la somme des quatre seconds termes a, b, c, d; donc $A+e$ est celle des cinq seconds termes.

Dans le 3e terme, B exprime la somme des produits 2 à 2 des quatre seconds termes a, b, c, d; eA est celle des produits de ces quatre termes par le cinquième e: donc $B+eA$ est la somme de tous les produits 2 à 2 qu'on peut former avec les cinq seconds termes a, b, c, d, e.

On raisonnerait de même pour tous les autres termes jusqu'au dernier eD qui est évidemment le produit de tous les seconds termes $a, b\ldots$.

Ainsi, la loi énoncée étant vraie pour un certain nombre de binomes, est encore vraie quand on prend un binome de plus. Donc elle est générale.

280. Supposons maintenant qu'on ait m binomes égaux à $x+a$, leur produit sera la $m^{\text{ième}}$ puissance de $x+a$. Le coefficient du second terme sera égal à a multiplié par le nombre m des facteurs. Le coefficient du troisième terme sera égal à a^2 pris autant de fois qu'on peut former de produits différents 2 à 2 avec m lettres (n° 240); et ainsi de suite, en sorte qu'on aura

$$(x+a)^m = x^m + max^{m-1} + \frac{m(m-1)}{1 \cdot 2} a^2 x^{m-2} + \frac{m(m-1)(m-2)}{1 \cdot 2 \cdot 3} a^3 x^{m-3} \ldots + a^m$$

Cette formule est appelée *binome de Newton*, du nom de son inventeur. Elle donne le moyen de former immédiatement une puissance quelconque de $x+a$, sans passer par toutes les précédentes.

281. REMARQUE I. Chaque coefficient a pour dénominateur la suite 1, 2, 3..., jusqu'au nombre qui marque combien il y a de termes qui précèdent, et pour numérateur, les facteurs décroissants $m(m-1)\ldots$ jusqu'à celui où m est diminué d'autant d'unités moins une, qu'il y en a dans le dernier facteur du dénominateur.

L'exposant de a est toujours égal au nombre des termes qui précèdent, et celui de x est égal à m diminué de ce même nombre.

En sorte qu'en désignant par T_{n+1} le terme qui en n avant lui, on aura

$$T_{n+1} = \frac{m(m-1)(m-2)\ldots(m-n+1)}{1 \cdot 2 \cdot 3 \ldots \ldots n} a^n x^{m-n}.$$

Au moyen de cette expression, qu'on appelle *terme général*, on peut déduire tous les termes à partir du second, en faisant successivement $n=1, 2, 3, 4\ldots$

282. REMARQUE II. En examinant attentivement les termes successifs de la formule du binome, on voit que *pour passer d'un terme au suivant, il suffit de multiplier son coefficient par l'exposant de* x *dans ce terme, de le diviser par le nombre qui marque le rang de ce terme, c'est-à-*

dire par l'exposant de a *augmenté de* 1, *puis d'augmenter de* 1 *l'exposant de* a, *et de diminuer de* 1 *celui de* x.

283. REMARQUE III. Il est évident que la m^{me} puissance d'un binome a $m+1$ termes.

284 REMARQUE IV. *Les termes également éloignés des extrêmes ont des coefficients égaux.* En effet soit $(x+a)^m =$

$$x^m + Aax^{m-1} + Ba^2x^{m-2} + Ca^3x^{m-3} + \ldots$$
$$+ C'a^{m-3}x^3 + B'a^{m-2}x^2 + A'a^{m-1}x + a^m.$$

En considérant cette formule de droite à gauche, il est clair qu'elle sera le développement de $(a+x)^m$. Le terme $A'a^{m-1}x$ sera donc semblable au terme Aax^{m-1} avec cette différence que x se trouve changé en a et a en x; donc le coefficient A' est égal au coefficient A. On verrait de même que $B'=B$, $C'=C$, etc. . . . . . .

N. B. Voici une autre démonstration de cette propriété.

Le terme qui en a n avant lui a pour coefficient le nombre des combinaisons n à n de m lettres. Le terme qui en a n après lui, en aura $m-n$ avant lui; son coefficient sera donc le nombre des combinaisons $m-n$ à $m-n$ de m lettres. Or, que l'on combine m lettres n à n ou $m-n$ à $m-n$, le nombre des combinaisons est toujours le même (n° 241).

Enfin on peut encore se rendre compte de cette propriété, en réduisant au même dénominateur les coefficients de deux termes pris à égale distance des extrêmes; car alors les numérateurs de ces coefficients deviennent égaux.

285. REMARQUE V. La puissance $m^{ième}$ d'un binome ayant $m+1$ termes, si m est pair, il y aura un nombre impair de termes; et alors le terme du milieu aura le plus haut coefficient.

Si m est impair, le nombre des termes sera pair, et alors tous les coefficients se répèteront chacun deux fois.

286. REMARQUE VI. Pour avoir le développement de $(x-a)^m$, il suffit de remplacer a par $-a$ dans le développement de $(x+a)^m$; ce qui revient à mettre $-$ devant tous les termes où a est affecté d'un exposant impair; ce sont les termes de rang pair.

287. Remarque VII. Si dans les développements de $(x+a)^m$ et de $(x-a)^m$, on fait $x=1$ et $a=1$, on verra que : 1° *la somme de tous les coefficients, y compris ceux des termes extrêmes, est égale à 2^m* ;

2° *La somme des coefficients de rang pair est égale à celle des coefficients de rang impair.*

288. Appliquons les considérations précédentes à des exemples.

Exemple I. $\qquad\qquad (x+a)^8.$

On remarque que le développement de $(x+a)^8$ aura $8+1$ ou 9 termes. Il suffira de calculer les 5 premiers termes ; car les 4 derniers auront, en ordre rétrograde, les mêmes coefficients que les 4 premiers (n° 285).

Par la formule du n° 280, les deux premiers termes sont

$$x^8+8ax^7.$$

Du 2ᵉ terme on passe au 3ᵐᵉ, en multipliant 8 par 7, et en divisant le produit par 2 ; ce qui donne 28 pour le coefficient du 3ᵐᵉ terme, qui est. . . . . $28a^2x^6.$

Du 3ᵐᵉ terme on passe au 4ᵐᵉ, en multipliant 28 par 6 et en divisant le produit par 3 ; ce qui donne 56 pour le coefficient du 4ᵐᵉ terme, qui est. . . . . $56a^3x^5.$

Maintenant on multiplie 56 par 5, on divise le produit par 4 et on a 70. Donc le 5ᵐᵉ terme est. . . . . $70a^4x^4.$

Ainsi le développement demandé est

$$x^8+8ax^7+28a^2x^6+56a^3x^5+70a^4x^4+56a^5x^3+28a^6x^2+8a^7x+a^8$$

Vérification. Pour s'assurer si les calculs ont été faits avec exactitude, on n'a qu'à voir si la somme des coefficients de rang impair est égale à celle des coefficients de rang pair. C'est effectivement ce qui arrive ici ; car on trouve

$$1+28+70+28+1=128$$
$$8+56+56+8\qquad=128.$$

289. Pour former les coefficients on peut effectuer les divisions avant les multiplications ; ce qui simplifie les calculs. C'est ce que nous allons faire

Exemple II. $\qquad (x+a)^9.$

Les deux 1ers termes du développement sont

$$x^9+9ax^8.$$

Pour avoir le coefficient du 3me terme, on divise 8 par 2, et on multiplie le quotient par 9 ; ce qui donne 36.

Donc le 3me terme est . . . . $36a^2x^7.$

On divise 36 par 3 et on multiplie le quotient par 7 ; ce qui donne 84. Ainsi le 4me terme est . . . . $84a^3x^6.$

On divise 84 par 4 et on multiplie le quotient par 6, ce qui donne 126. Donc le 5me terme est . . . . $126a^4x^5.$

Or, il y a en tout $9+1$ ou 10 termes. Les 5 derniers termes auront donc respectivement les mêmes coefficients que les 5 premiers déjà calculés. Ainsi le développement demandé est

$$x^9+9ax^8+36a^2x^7+84a^3x^6+126a^4x^5$$
$$+126a^5x^4+84a^6x^3+36a^7x^2+9a^8x+a^9.$$

Vérification. Comme ici on a un nombre pair de termes, les coefficients de rang impair sont précisément les mêmes que ceux de rang pair ; de sorte que si on s'était trompé en formant les 5 premiers coefficients, l'erreur se reproduirait dans les 5 derniers.

On ne peut donc pas se servir du même moyen de vérification que dans le numéro précédent. Voici alors comment on fait la vérification : on fait la somme des 5 premiers coefficients, ce qui donne

$$1+9+36+84+126=256.$$

Cette somme doit être égale à la moitié de 2^9 (n° 287, 2°) c'est-à-dire à 2^8.

Donc on n'a qu'à former la 8me puissance de 2, et voir si

$$256=2^8.$$

290. Prenons maintenant un exemple plus compliqué.

Exemple III. $\qquad (2x^2-3a^3)^5$.

On fait d'abord le développement de $x-a$, puis on éc[rit] dessous les 5 premières puissances des coefficients 2 et 3, disposant les calculs comme il suit :

$$x^5-5ax^4+10a^2x^3-10a^3x^2+5a^4x-a^5$$
$$2^5 \qquad 2^4 \qquad 2^3 \qquad 2^2 \qquad 2$$
$$3 \qquad 3^2 \qquad 3^3 \qquad 3^4 \qquad 3^5.$$

Après avoir calculé ces puissances, on multiplie les term[es] qui se correspondent dans une même colonne verticale. Alor[s] vient

$$32x^5-240ax^4+720a^2x^3-1080a^3x^2+810a^4x-243a^5.$$

Maintenant, on n'a plus qu'à doubler tous les exposants d[e x] et à tripler ceux de a, et il vient finalement

$$32x^{10}-240a^3x^8+720a^6x^6-1080a^9x^4+810a^{12}x^2-243a^{15}.$$

Vérification. On remplace chaque lettre par l'unité da[ns] le binome ainsi que dans son développement ; alors il vient

$$(2-3)^5 = \begin{cases} 32-\ \ 240 \\ 720-1080 \\ 810-\ \ 243 \end{cases}$$
$$\overline{\ \ 1562-1563 = -1.\ \ }$$

291. Comme exercices nous proposerons les exemples s[ui]vants :

$$(x-a)^5 = x^5-5ax^4+10a^2x^3-10a^3x^2+5a^4x-a^5$$
$$(x-a)^6 = x^6-6ax^5+15a^2x^4-20a^3x^3+15a^4x^2-6a^5x+a^6$$
$$(x-a)^7 = x^7-7ax^6+21a^2x^5-35a^3x^4+35a^4x^3-21a^5x^2+7a^6x-\cdots$$
$$(4x+5)^4 = 256x^4+1280x^3+24000x^2+2000x+625$$
$$(2x+1)^5 = 32x^5+80x^4+80x^3+40x^2+10x+1$$
$$(3x^2+2a^3)^6 = 729x^{12}+2916a^3x^{10}+4860a^6x^8+4320a^9x^6$$
$$+2160a^{12}\cdots+6a^{15}x^2+64\cdots$$

TABLE DES MATIÈRES.

Fautes essentielles à corriger.

Pages	Lignes	Au lieu de	Lisez
53	8	en remontant 2 *heures*	1 *heure* 42 *minutes*
68	11	en descendant $\frac{5x}{q}$	$\frac{5x}{8}$
74	13	en remontant $15\frac{1}{3} = ($	$15 = \frac{1}{3} ($
144	6	en remontant $y = -11$	$y = -21$
191	14	en descendant $18x$	$8x.$